电气设备故障试验诊断 攻略

绝缘子

丛书主编　包玉树
本册主编　刘　洋

中国电力出版社
CHINA ELECTRIC POWER PRESS

内 容 提 要

绝缘子是电力系统中常用的一种电气设备,在长期运行过程中,绝缘子会受到雷击、污秽、温差等环境因素的影响,承受电气、机械应力的综合作用。本书主要叙述不同绝缘子的基本类型和定义,各类绝缘子的常见故障类型、故障诊断技术及解决措施,输变电防污闪传统技术和新技术研究与应用。

本书共分六章。第一章介绍了绝缘子的定义、分类、污闪问题及防治。第二至四章分别介绍了瓷绝缘子、复合绝缘子、玻璃绝缘子的常见故障形式,日常检测方法,典型故障案例及预防措施等。第五章介绍了输变电设备污闪事故原因并列举了近年来具有代表性的污闪类型。第六章介绍了绝缘子防污闪技术手段的最新发展成果,介绍了RTV 自动喷涂,盐、灰密自动测量及污秽在线监测等新型防污闪手段的原理和应用。

本书可作为电力系统运维、检修及科研部门技术人员了解和掌握输变电设备外绝缘问题的参考资料,也可作为从事外绝缘领域技术人员的培训教材。

图书在版编目(CIP)数据

电气设备故障试验诊断攻略.绝缘子 / 刘洋主编;包玉树丛书主编.—北京:中国电力出版社,2018.12

ISBN 978-7-5198-2782-3

Ⅰ.①电… Ⅱ.①刘…②包… Ⅲ.①电气设备—故障诊断②绝缘子—故障诊断 Ⅳ.①TM07②TM216

中国版本图书馆 CIP 数据核字(2018)第 287926 号

出版发行:中国电力出版社
地　　址:北京市东城区北京站西街 19 号(邮政编码 100005)
网　　址:http://www.cepp.sgcc.com.cn
责任编辑:王　南(010-63412876)
责任校对:黄　蓓　李　楠
装帧设计:郝晓燕　赵姗姗
责任印制:石　雷

印　　刷:三河市百盛印装有限公司
版　　次:2019 年 7 月第一版
印　　次:2019 年 7 月北京第一次印刷
开　　本:787 毫米×1092 毫米　16 开本
印　　张:6.25
字　　数:131 千字
印　　数:0001—1500 册
定　　价:26.00 元

《电气设备故障试验诊断攻略 》丛书编委会

审定委员会

前　言

　　目前，国家电网公司立足自主创新，大力发展特高压和智能电网并取得了重大突破，实现了"中国创造"和"中国引领"，电力事业日新月异，蓬勃向前。国网江苏省电力有限公司的广大员工随潮而动，逐梦而飞。在此背景下，经过近四年的筹划、组织、立项、编撰、审核、修改，《电气设备故障试验诊断攻略》丛书与读者见面了。

　　本套丛书按照一次设备的种类分别成册，内容涵盖设备结构、针对性试验、典型故障、诊断攻略等方面，重点放在具有可操作性的故障诊断上。丛书中所列故障案例，既有作者的亲身经历，也有收集借鉴的他山之石，经过筛选、加工一一呈现在读者面前，期望这套丛书能给读者带去不一样的收获。本套丛书各分册内容安排主要以故障描述、缺陷排查、综合分析、诊断攻略的形式呈现，另外对专业领域的试验与诊断新技术做了前瞻性叙述。

　　《绝缘子》分册共分六章，第一章主要介绍了绝缘子的定义、分类、污闪问题及防治。第二～四章分别叙述了瓷绝缘子、复合绝缘子、玻璃绝缘子的常见故障形式、日常检测方法、典型故障案例及预防措施等。第五章介绍了输变电设备污闪事故原因并列举了近年来具有代表性的污闪类型。第六章介绍了绝缘子防污闪技术手段的最新技术成果，主要介绍了 RTV 自动喷涂，盐、灰密自动测量及污秽在线监测等新型防污手段的原理和应用。

　　在丛书的编写过程中，得到了国网江苏省电力有限公司领导的大力支持，书中参考了其他省市电力公司的事故案例，引用了一些研究成果及试验数据，在此对相关单位的领导和专家表示衷心的感谢。

　　本丛书可供电力系统从事电气设备试验的工程技术人员使用，也可作为高等院校相关专业师生的学习参考资料。

　　由于各分册作者均为在职电力系统专家，利用工作之余的时间编写，时间仓促，书中仍有疏漏与不足之处，敬请读者批评指正。

编　者

2018 年 8 月

目 录

前言

第一章　概述 ··· 1

第一节　绝缘子定义与分类 ··· 1

第二节　绝缘子污闪及其防治 ··· 7

第二章　瓷绝缘子故障试验诊断 ··· 10

第一节　瓷绝缘子常见故障 ··· 10

第二节　瓷绝缘子日常检测方法 ··· 10

第三节　案例一：悬式绝缘子劣化诊断 ····································· 12

第四节　案例二：长棒型绝缘子瓷件损伤 ································· 18

第五节　案例三：悬式绝缘子断串分析 ····································· 21

第三章　复合绝缘子故障试验诊断 ··· 28

第一节　复合绝缘子常见故障 ··· 28

第二节　复合绝缘子日常检测方法 ··· 29

第三节　案例一：端部密封失效导致芯棒断裂 ·························· 31

第四节　案例二：护套蚀孔导致芯棒断裂 ································· 35

第五节　案例三：复合绝缘子芯棒异常发热诊断 ······················ 42

第六节　案例四：空心复合绝缘子硅橡胶伞裙老化案例 ············· 44

第四章　玻璃绝缘子故障试验诊断 ··· 50

第一节　玻璃绝缘子常见故障 ··· 50

第二节　玻璃绝缘子日常检测方法 ··· 50

第三节　案例：玻璃绝缘子自爆故障诊断 ································· 51

第五章　输变电设备污闪事故 ··· 55

第一节　大气环境对设备外绝缘的影响 ····································· 55

第二节　案例一：雾霾环境下变电站及线路污闪事故 ··············· 56

第三节　案例二：长棒型瓷绝缘子污闪事故 ···························· 63

第四节　案例三：沿海重污秽地区线路污闪事故 ······················ 64

第六章　绝缘子防污闪新技术 ……………………………………………………… 70

　　第一节　概述 ………………………………………………………………………… 70

　　第二节　绝缘子防污闪涂料 ………………………………………………………… 70

　　第三节　绝缘子污秽度自动化测量 ………………………………………………… 79

　　第四节　绝缘子污秽在线监测系统 ………………………………………………… 85

参考文献 …………………………………………………………………………………… 90

第一章

概　述

第一节　绝缘子定义与分类

一、绝缘子定义

绝缘子一般由固体绝缘材料制成，安装在不同电位的导体之间或导体与接地构件之间，是同时起到电气绝缘和机械支撑的电气设备。不同类型绝缘子的结构、外形虽有较大差异，但都是由绝缘本体和连接金具两大部分组成。

用于架空线路的绝缘子称作线路绝缘子，在变电站用于支撑母线和隔离开关的绝缘子称作支柱绝缘子。套管类绝缘子的作用是作为互感器或者避雷器等设备的容器及绝缘护套，其中套管的作用是将电气设备内部带电端子和外部系统相连或者使室内的带电端子和室外系统相连。

二、绝缘子分类

根据不同的分类标准，绝缘子可以分为几种不同的类型。根据用途的不同，线路绝缘子可细分为几种不同的类型。在杆塔上用于悬挂架空导线的线路绝缘子称作悬式绝缘子。在线路的始末端、线路转弯处以及其他部位，需承受导线张力的绝缘子称作耐张绝缘子。悬式绝缘子和耐张绝缘子都是固定在与塔柱相连的塔臂上，它们的结构和形状可能一样，差别仅是悬挂方式和作用的不同。悬式绝缘子是垂直悬挂或 V 形悬挂，耐张绝缘子是水平悬挂；对耐张绝缘子的机械强度要求较高，特别是重要大跨越线路，往往采用多串并联方式，确保绝缘子运行安全可靠。在城市地区，为了减少线路走廊，架空线路多采用横担绝缘子，可起到绝缘和横担的作用。绝缘子通常分为可击穿型和不可击穿型。按结构可分为柱式（支柱）绝缘子、悬式绝缘子、针式绝缘子、蝶式绝缘子、拉紧绝缘子、防污型绝缘子和套管绝缘子。按应用场合又分为线路绝缘子和电站、电器绝缘子。其中用于线路的可击穿型绝缘子有针式、蝶形、盘形悬式，不可击穿型有横担、棒形悬式。用于电站、电器的可击穿型绝缘子有针式支柱、空心支柱和套管，不可击穿型有棒形支柱和容器瓷套。架空线路中所用绝缘子，常用的有针式绝缘子、蝶式绝缘子、悬式绝缘子、瓷横担、棒式绝缘子和拉紧绝缘子等。

目前常用的绝缘子有瓷绝缘子、玻璃钢绝缘子、复合绝缘子、半导体绝缘子。下面重点介绍架空线路中常用的几种绝缘子类型。

（1）盘形悬式绝缘子。盘形悬式绝缘子在线路中应用广泛，它由铁帽、钢脚和瓷件组成，如图 1-1 所示。金具和绝缘件之间用水泥胶装，盘形悬式绝缘子可方便的组成绝缘子串。组成绝缘子串时，钢脚的球接头插入铁帽的球窝中，使绝缘子串只承受拉力，不承受弯矩和扭矩。盘形悬式绝缘子结构简单，串接后可在任意电压等级的输电线路上使用，是高压线路上使用最广的一种绝缘子。

盘形悬式绝缘子的型号和命名遵循一定的规则。盘形悬式绝缘子的产品型号中不含电压等级，只含机械强度。举例说明，XP-70 表示普通盘形悬式绝缘子、机电破坏负荷为 70kN。

盘形悬式绝缘子的产品型号表示方法见图 1-2。

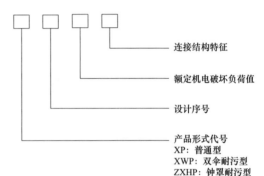

连接结构特征

额定机电破坏负荷值

设计序号

产品形式代号
XP：普通型
XWP：双伞耐污型
ZXHP：钟罩耐污型

图 1-1　盘形悬式绝缘子实物图　　图 1-2　盘形悬式绝缘子的产品型号表示方法

（2）长棒型绝缘子。与悬式绝缘子相比，长棒型绝缘子绝缘件损坏时导线一般容易落地。长棒型绝缘子按材料类型分为长棒型复合绝缘子和长棒型瓷绝缘子。长棒型复合绝缘子也称为棒形悬式有机硅橡胶绝缘子，与传统的瓷绝缘子、玻璃绝缘子相比，具有重量轻、体积小、耐污性能高等优点。该绝缘子由伞盘和芯棒等部分组成，伞盘为硅橡胶为基体的高分子化合物，芯棒采用环氧玻璃纤维棒制成，具有很高的抗张强度。长棒型瓷绝缘子是由氧化铝质陶瓷制成的高强度实芯多裙绝缘子，两端与钢帽连接采用铅锑合金浇铸，避免盘形悬式绝缘子发生泥胶膨胀破坏和电热故障。

长棒型绝缘子如图 1-3 所示。绝缘子型号表示方法分别如图 1-4 和图 1-5 所示。

(a)　　　　　　　　　　　　　　　　(b)

图 1-3　长棒型绝缘子

（a）长棒型复合绝缘子实物图；（b）长棒型瓷绝缘子实物图

长棒型瓷绝缘子型号表示方法如图1-4所示。

长棒型复合绝缘子型号表示方法如图1-5所示。

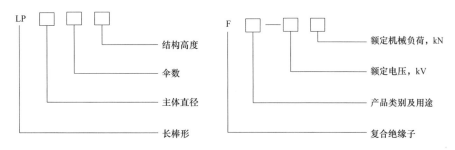

图1-4　长棒型瓷绝缘子的型号表示方法　图1-5　长棒型复合绝缘子的型号表示方法

（3）针式绝缘子。针式绝缘子由带伞的瓷件和伸入瓷件内的铁脚以及瓷件上面的铁帽胶装而成。由于其制造简单、成本低廉、安装方便且能减小杆塔高度而广泛地使用在6～35kV电力线路中，但此种绝缘子耐雷水平低，往往需要结合木横担使用。

针式绝缘子实物图如图1-6所示。

针式绝缘子型号表示方法如图1-7所示。

（4）瓷横担绝缘子。瓷横担是一种用于电力架空线路的圆锥形或者圆柱形瓷质绝缘子，也称瓷横担绝缘子。它除了具有与普通线路绝缘子相同的固定导线和对地绝缘的功能外，还可全部或部分代替铁质或木质横担。

图1-6　针式绝缘子实物图

瓷横担有带金属附件和不带金属附件两种。应用较多的中压及以上电压等级的瓷横担都带有金属附件。常用的瓷横担有35、10kV等。瓷横担绝缘子实物图如图1-8所示。

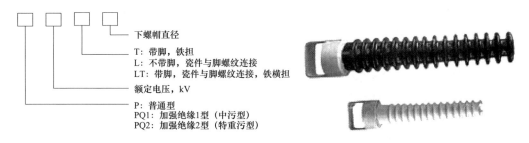

图1-7　针式绝缘子的型号表示方法　　图1-8　瓷横担绝缘子实物图

常见的瓷横担绝缘子的型号表示方法如图1-9所示。

如果按照电压形式区分，绝缘子分为直流绝缘子和交流绝缘子。前述的绝缘子均指交流绝缘子。直流绝缘子主要指用在直流输电线路中的盘形绝缘子。直流绝缘子一般具有比交流绝缘子更长的爬电距离，其绝缘件具有更高的体积电阻率，其连接金具应加装防电解腐蚀的牺牲电极。在相同的环境条件下，由于直流电压的集尘效应，使得直流绝缘子的污秽积聚比交流绝缘子的积污更为严重。直流绝缘子的常见伞裙结构如图1-10所示。

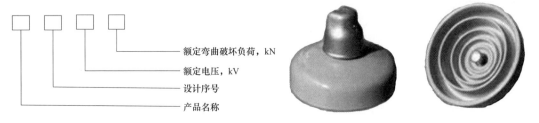

额定弯曲破坏负荷，kN
额定电压，kV
设计序号
产品名称

图1-9　瓷横担绝缘子的型号表示方法　　　　图1-10　直流绝缘子伞裙实物图

三、绝缘子的主要材料

按采用的绝缘材料划分，绝缘子可分为瓷绝缘子、玻璃绝缘子和复合绝缘子三大类。瓷绝缘子和玻璃绝缘子由无机材料制作，且二者应用历史比较长。相比之下，复合绝缘子的应用历史短，于20世纪70年代才成功用于电力系统外绝缘，国内复合绝缘子使用从20世纪80年代末开始，目前产品已逐步成熟，在电力系统得到广泛使用，有效地解决了电网污闪问题。

（1）电瓷材料。电瓷材料本身电气性能很好，且其环境稳定性是绝大多数绝缘材料所不具备的，因此，目前国内大部分绝缘子采用的为瓷质绝缘子。然而由于陶瓷本身属于脆性材料，其机械性能具有压缩强度很高而拉伸强度较低的特点，抗冲击性能更差，因此瓷质绝缘子容易发生裂纹、断裂等事故。此外，陶瓷材料表面为亲水性表面、积污后自洁性较差，在严重污秽地区瓷绝缘子存在污闪跳闸的可能。

（2）玻璃材料。玻璃绝缘子表层机械强度高，使表面不易发生裂缝。玻璃的电气强度一般在整个运行期间保持不变，并且其老化过程比瓷材料要缓慢得多。此外，钢化玻璃绝缘子具有零值自爆的特点，只要在地面或在直升机上观测即可，无需登杆逐片检测，降低了工人的劳动强度。玻璃绝缘子的自爆主要在运行初期，后期会趋于稳定。

玻璃绝缘子有七八十年的使用历史，它的特点是便于检测，耐电弧、耐震动能力好，热稳定性能较好，不易老化等。玻璃绝缘子有多种不同的形状，在不同的场合得以应用。一般来说，主要有标准型、防污型、敞开型、球形和铁道接触网用棒形悬式绝缘子和直流玻璃绝缘子等。常用玻璃绝缘子的实物图如图1-11所示，型号表示方法如图1-12所示。

（3）复合绝缘材料。有机绝缘材料发展于20世纪五六十年代，单一的有机材料难以满足高电压设备的外绝缘全部电气、机械性能的要求，因此复合绝缘材料得到较大发展。这些复合绝缘材料包括脂环族环氧树脂、聚四氟乙烯、乙丙橡胶、硅橡胶等，有些国家甚至还采用丁基橡胶、聚烯烃以及聚合物混凝土等材料。

脂环族环氧树脂浇筑的电压、电流互感器在中低压系统中应用较为久远，且效果不错，但在超高压领域内的应用效果不甚理想。

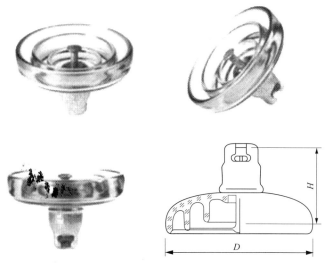

图 1-11　玻璃绝缘子实物图

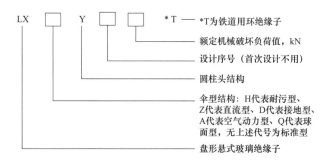

图 1-12　普通玻璃绝缘子的型号表示方法

聚四氟乙烯电气性能及环境稳定性在所有有机材料中效果最好，具有抗酸抗碱、抗各种有机溶剂的特点，几乎不溶于所有的溶剂。同时，聚四氟乙烯具有耐高温（工作温度可达250℃）、耐低温（良好的机械韧性）、不黏附（表面张力小，不黏附任何物质）、电绝缘性强等诸多优势，但是采用该材料制成的超高压悬式复合绝缘子的运行性能也并不理想。

乙丙橡胶虽然耐老化性能较聚四氟乙烯差很多，环境稳定性不佳，但是由于材料制作成本低廉，使得其在棒形悬式绝缘子、线路支柱复合绝缘子以及中低压复合套氧化锌避雷器方面得到较大的应用。

硅橡胶（包括室温硫化硅橡胶、中温硫化液体硅橡胶与高温硫化硅橡胶）在电气性能与耐老化性能上堪与聚四氟乙烯相媲美，远胜过其他几乎所有的有机材料。纯硅橡胶的机械性能虽然很差，但经补强改性后其机械性能可以满足现场要求，并且其良好的加工性能、黏接性能远胜过聚四氟乙烯。促使硅橡胶在高电压外绝缘领域得到广泛应用的另一个主要原因是其憎水迁移性，而这一性能是硅橡胶所独有的。所谓硅橡胶憎水迁移性是指硅橡胶材料能够在表面被污染后，将自身的憎水性传递给污秽物质而硅橡胶本身继续保持其憎水性的一种特性，从而积聚在硅橡胶表面的污秽层也变得具有了憎水性。因而在运行中硅橡胶复合绝缘子表现出了远胜过其他所有有机材料绝缘子的优异的耐污性与耐湿性。

复合绝缘子主要结构一般由伞裙护套、玻璃钢芯棒和端部金具组成。与瓷和玻璃绝缘子相比，复合绝缘子具有强度高、质量轻、湿闪电压高、运行维护方便等优点。目前使用的复合绝缘子主要有线路柱式复合绝缘子、长棒型复合绝缘子、支柱复合绝缘子、空心复合绝缘子和电气化铁道用复合绝缘子。

图1-13是常见复合绝缘子的实物图。

图1-13　复合绝缘子实物图

常见悬式复合绝缘子和支柱复合绝缘子的型号说明分别如图1-14和图1-15所示。

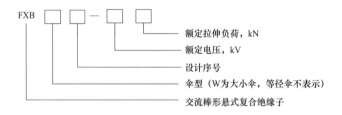

图1-14　悬式复合绝缘子的型号说明

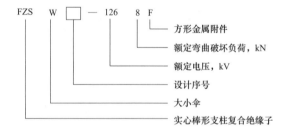

图1-15　支柱复合绝缘子型号说明

四、常见绝缘子性能比较

目前，输电线路上使用的绝缘子主要有盘形悬式瓷绝缘子、盘形悬式玻璃绝缘子、棒形悬式复合绝缘子三大类。另外，长棒型瓷绝缘子在江苏、安徽、广东等地区得到大量使用。随着技术的发展，一些新型的瓷复合绝缘子、硬质绝缘子研制成功并在部分地区的输电线路上投入使用。

盘形悬式瓷绝缘子具有长期丰富的运行经验、良好的机电性能、耐气候性、耐热性、使用寿命周期长、伞型丰富、适合各种气候地区。盘形悬式瓷绝缘子属于可击穿型结构，其内在缺陷不易发现，运行单位需要花费大量人力和物力进行定期清扫和劣化检测。

盘形悬式玻璃绝缘子同样具有良好的机电性能，更具有零值自爆特点，可减少大量的零值检测等运行维护工作、使用寿命周期长。该产品主要不足是伞型结构比较单一，主要是深棱的钟罩型。

棒形悬式复合绝缘子具有优异的防污性能，机械强度高、体积小、重量轻，制造工艺简单、运行维护简便，经济性好。该产品属于不可击穿型结构，不存在零值检测问题，其主要缺点是硅橡胶材料容易在大气环境下发生不可逆的老化现象，材料的憎水性、机械性能等会有所降低。

三类绝缘子因各有所长，使用时应因地制宜。瓷和玻璃绝缘子具有较高的机械强度、寿命长、稳定性好，能抵抗环境老化，较适用于清洁的环境和需抵抗外力侵蚀的环境，如强风地区、沙尘地带或覆冰地区等。复合绝缘子具有较高的机械强度、稳定性好，能抵抗环境老化、质量轻、防污性能优良、生产工艺简单、经济性好，适用于污染严重的地区；且电压等级越高，复合绝缘子的经济优势越明显。绝缘子的选用原则应参照 DL/T 1000 和 DL/T 864 等规定，并结合工程实际，从技术和经济上进行综合分析、合理选择。一般来说，轻污秽地区建议采用瓷或玻璃绝缘子，重污秽地区建议采用复合绝缘子。由于存在鸟啄等问题，林区不推荐使用复合绝缘子。耐张串宜采用自洁性能好的瓷或玻璃绝缘子。

另外，在我国南方和东部地区架空线路大量采用长棒型瓷绝缘子。该类型绝缘子具有质量轻（介于盘型瓷绝缘子和复合绝缘子之间）、抗老化性能好、自洁能力强、不可击穿、维护简便等优点，故障率相对较低。近年来运行经验表明，长棒型瓷绝缘子在湿润地区自洁性能良好，表面污秽度能够长期维持在相对较低水平；在半湿润地区，其表面污秽度随时间以指数函数持续增长，长期会趋近某一稳定值。严重染污条件下，长棒型瓷绝缘子串耐污性能略低于盘形绝缘子。

第二节　绝缘子污闪及其防治

一、污闪的定义

污闪是指电气设备绝缘表面附着的污秽物在潮湿条件下，其可溶物质逐渐溶于水，在绝缘表面形成一层导电膜，使绝缘子的绝缘水平大大降低，在电场力作用下出现的强烈放电现象，最后导致绝缘子整体击穿闪络。

污秽湿润的绝缘子表面发生的闪络不是简单的大气间隙击穿，而是一个涉及电、热、化学等因素的污秽潮湿绝缘子表面气体电离、局部电弧发生发展的热动态平衡过程。具体来说，污闪发生一般经历以下四个阶段：①绝缘子表面积累污秽；②在潮湿的环境中污秽物质变得湿润；③绝缘子表面泄漏电流产生的热效应出现干区，从而改变了电压分布，引发局部电弧；④局部电弧进一步发展导致绝缘子完全闪络。

二、影响污闪发生的因素

国内外针对影响污闪的因素进行了大量的研究工作，目前认为主要有以下几种原因导致污闪事故的发生。

（1）大气污染。大气污染主要由工矿企业排出的废气污染物引起。火电厂、水泥厂、钢铁厂、化工厂及矿山等工业排出的大量气、液、固态污染物，随着气压、风速、温度等条件的变化形成严重的污染源，易在绝缘子表面形成积污，从而影响污闪发生的第一阶段。

（2）生物污染。鸟害是生物污染的主要部分。其基本危害形式如下：鸟粪落在瓷绝缘子表面，遇有雾、露、毛毛雨等湿润天气，鸟粪潮解，使绝缘子绝缘水平降低，易发生污闪事故；鸟在 V 型绝缘子串上排泄粪便造成导线对横担间隙短路而接地跳闸；鸟在绝缘子串的正上方排泄，造成空气间隙放电导致闪络；鸟在杆塔上筑巢，遇有湿润天气，筑巢用的树枝受潮，减少绝缘距离导致接地故障；或者大风天气鸟巢被吹散，树枝或金属丝等搭在导线上引起跳闸故障。

（3）绝缘子覆冰、覆雪。重冰区和冬季气温骤降时容易发生绝缘子覆冰、覆雪的情况。覆冰、覆雪会影响绝缘子污闪电压。研究发现，无论绝缘子先污染后结冰还是先结冰后污染，也无论是在冻冰期还是融冰期，污闪电压都会升高。但一般都是冰雪先被污染然后冻在绝缘子上，此时耐受电压只有湿闪电压的 25％，极易发生闪络事故。

（4）海拔。随着海拔升高、气压降低，污秽绝缘子闪络电压降低。国内外对高海拔地区瓷绝缘子和玻璃绝缘子的污闪特性进行了广泛研究，提出高海拔下的污秽绝缘子闪络电压与气压成幂指数关系，其幂指数或气压影响特征指数反映了高海拔下污秽闪络电压下降的特征。

（5）酸雨酸雾污染。由于酸性污染源的 pH 值较低、电导率较大，会降低绝缘子污闪电压。在 pH＝3 时，清洁绝缘子在酸雨环境中的污闪电压下降 17％～25％。在酸雾环境中，相当于提高一个污秽等级。在一些工业厂矿比较集中的地区，工业废气导致气候恶劣，酸雨问题有加剧趋势，更要提高防范意识。

（6）雷电和操作过电压。近年来国内外大量研究试验均证明雷电和操作过电压会影响绝缘子的污闪性能。相关研究表明污秽绝缘子在雷电波作用下的污闪电压比清洁干燥时下降 25％～33％，而操作波的污闪电压则随污秽程度的增加最大可降低 50％。

三、防治污闪事故的措施

（1）调整爬电比距、安装增爬裙。一般来说，绝缘子的爬距越长，其耐污闪能力越强。应根据电力设备所在环境下的污秽和潮湿特征及污级来选择绝缘子的爬电比距，这也是提高污秽环境下运行可靠性、预防污闪的根本措施。

防污闪增爬裙的绝缘子一般包括芯棒和伞裙。在安装前，应在毛毛雨、大雾等潮湿恶劣的天气下进行观察，选择发生局部放电、滑闪放电等放电位置作为安装位置。

（2）清扫绝缘子表面污秽。清扫一般分为带电清扫和停电清扫两种。清除绝缘子表面的污秽能恢复原有的绝缘水平，达到防止污闪的目的。但清扫过后，绝缘子仍将继续积污。因此，应合理安排清扫时间，一年清扫一次的时间应安排在污闪季节前1～2个月进行；合理选择清扫周期，对一般设备要求每年清扫一次，但对个别污秽严重地区，则应增加清扫次数，特别是实测的盐密度超过了爬距所允许的污闪耐受值时；合理安排清扫顺序，由于清扫工作量大，可以按照电压等级、绝缘子型式或受污程度有计划地进行。

带电清扫方法中，带电水冲洗是防止污闪的一种有效的方法，也是目前国内应用最广泛的一种方法，输电线路主要采用直升机进行带电水冲洗，带电水冲洗作业时，应在安全防护及适宜的气候条件下进行冲洗。

（3）检测和更换劣质绝缘子。由于绝缘子在运行中会出现劣化，采用红外热像仪等测量方法定期对绝缘子串进行检测，发现劣质绝缘子或零值绝缘子，要及时更换。

（4）采用防污型绝缘子。采用防污型绝缘子是解决防污闪问题的一项重要措施。按外形结构，防污型绝缘子一般分为双伞型、钟罩型、流线型和大爬距型。实践证明，我国通用的双伞型防污绝缘子具有光滑而倾斜的裙边、积污量较小；而钟罩型耐污绝缘子积污较快，应用于空气潮湿多雾的南方地区，防污效果不佳。

（5）采用复合绝缘子。复合绝缘子伞裙具有良好的耐污闪性能，其硅橡胶材料自身的憎水性能够迁移至污秽层表面，使得污层也具有憎水性，因此即使在湿润的大气环境下，染污复合绝缘子也不易发生闪络。所以采用复合绝缘子是线路防污闪的有效措施。

（6）涂防污涂料。20世纪60年代初，华东、华北等电力试验研究所就采用了硅油、硅脂和地蜡等有机材料做防污闪涂料并取得了较好的效果。80年代，清华大学研究出了RTV防污闪憎水长效涂料。RTV防污闪憎水涂料是室温硫化硅橡胶涂料，也是一种有机硅涂料，它的耐污闪能力强、使用寿命长，有效期可达数年。后来又研制出了PRTV涂料，它是一种复合化硅氟橡胶涂料，其附着力等技术指标和使用寿命更加优异。PRTV涂料既有RTV涂料的室温硫化、就地成型的特性，同时具有作为永久性绝缘材料的高温硫化硅橡胶的材料性能，确保防污性能长期可靠及闪络状态下对瓷、玻璃件或设备的保护。

第二章

瓷绝缘子故障试验诊断

第一节 瓷绝缘子常见故障

因采用无机材料，瓷绝缘子具有优良的抗老化能力和非常好的化学稳定性，在实际运行中具有优异的耐电晕或电弧烧灼能力，同时也具有耐化学腐蚀能力。因此，瓷绝缘子在电力系统外绝缘中得到了广泛应用。不可否认的是，瓷绝缘子有一定的缺点，例如亲水性、易受潮、笨重、易破碎等。其故障类型主要表现在零值、低值、污闪、钢脚钢帽腐蚀等方面。

零值绝缘子或者低值绝缘子是指其绝缘性能降低到零或者绝缘电阻值很低。瓷绝缘子为内胶装结构，内胶装使用黏合剂；因为瓷和钢脚热膨胀系数各不相同，当绝缘子受冷热变化时，瓷件受到较大的应力，故瓷件容易被击穿或者开裂形成零值绝缘子。

瓷绝缘子的劣化会造成绝缘子内部发生质的变化，使得绝缘性能大大降低。当绝缘子的击穿电压下降到小于表面闪络电压时，一旦外部有过电压，将造成绝缘子内部击穿，使瓷质完全丧失绝缘能力。因此，瓷绝缘子劣化的主要特征就是其击穿电压降低。

第二节 瓷绝缘子日常检测方法

对在线路上运行年限不同的瓷绝缘子、玻璃绝缘子进行机电性能对比试验，发现部分瓷绝缘子在运行 15～25 年后，其不合格率随运行年限增加，而玻璃绝缘子的稳定性和分散性要好于瓷绝缘子。高频振动疲劳试验表明振后瓷绝缘子的机电强度明显下降。一方面是因为国产瓷绝缘子厂家较多，由于材质及制造工艺等方面的因素造成质量分散性大；另一方面，由于瓷质烧结体是不均匀材料，在长期的运行过程中受各种机械冲击力、振动力的作用，可能对瓷体造成损伤而导致机械性能下降。

生产环节瓷绝缘子的检验分为逐个试验、抽样试验、定型试验和补充试验。出厂后对瓷绝缘子的抽样检验主要是到货验收试验和运行过程中抽检，试验方法应参照 GB/T 1001.1、GB/T 775.1、GB/T 775.3、DL/T 1000.1 及 DL/T 626 等相关标准要求。

对于验收到货瓷绝缘子，应从每批提交的绝缘子中随机抽取绝缘子进行试验。用于抽样试验的绝缘子数量如表 2-1 所示，到货验收抽检的试验项目如表 2-2 所示。

表 2-1 绝缘子抽样数量

批次数量	样本数量	
	样本 1（$E1$）	样本 1（$E2$）
$N \leqslant 300$	按协议	
$300 < N \leqslant 2000$	4	3
$2000 < N \leqslant 5000$	8	4
$5000 < N \leqslant 10000$	12	6

表 2-2 瓷绝缘子到货验收抽样及补充试验内容

序号	试验名称	试验方法	接收准则
1	外观、尺寸、偏差和过规检查	GB/T 775.1 第 2 条和第 3 条	DL/T 1000.1 第 4.2 条
2	锁紧销操作试验	GB/T 1001.1 第 23 条	GB/T 1001.1 第 23 条
3	温度循环试验	GB/T 1001.1 第 24 条	GB/T 775.1 第 5 条
4	机电破坏负荷试验	GB/T 1001.1 第 19 条、第 34.2 条	GB/T 1001.1 第 20.4 条
5	工频击穿耐受试验	GB/T 1001.1 第 15.1 条	GB/T 1001.1 第 15.1 条
6	孔隙性试验	GB/T 775.1 第 4 条	GB/T 1001.1 第 26 条
7	镀层试验	JB/T 8177	JB/T 8177
8	打击负荷试验	DL/T 1000.1 附录 B	DL/T 1000.1
9	可见电晕及无线电干扰性能试验	DL/T 1000.1	DL/T 1000.1
10	冲击过电压击穿耐受试验	DL/T 557	DL/T 1000.1 第 4.16 条
11	人工污秽耐受试验	GB/T 4585	DL/T 1000.1 第 4.14 条
12	工频电弧试验	DL/T 812	DL/T 1000.1 第 4.15 条
13	机械振动试验	DL/T 1000.1 附录 A	DL/T 1000.1 第 4.17 条

对于运行的瓷绝缘子，应在绝缘子投运后 2 年内普测一次，再根据所测劣化率和运行经验适当延长检测周期，但根据 DL/T 626 规定最长不能超过 10 年。其检测方法、要求、判断标准如表 2-3 所示。

表 2-3 瓷绝缘子绝缘检测方法、要求、判断标准

序号	检测方法	要求	判断标准
1	测量电压分布（或火花间隙）	正常运行	被测绝缘子电压值低于标准规定值（电压分布标准见附录 A），判为劣化绝缘子； 被测绝缘子电压值高于 50% 的标准规定值，同时明显低于相邻两侧合格绝缘子的电压值，判为劣化绝缘子； 在规定火花间隙距离和放电电压下未放电，判为劣化绝缘子
2	测量绝缘电阻	停电或带电	电压等级 500kV：绝缘子绝缘电阻低于 500MΩ，判为劣化绝缘子； 电压等级 500kV 以下：绝缘子绝缘电阻低于 300MΩ 判为劣化绝缘子
3	工频耐压试验	停电	对机械破坏负荷为 60～530kN 级的绝缘子施加 60kV 干工频耐受电压 1min；对大盘径防污型绝缘子，施加对应普通型绝缘子干工频闪络电压值。未耐受者判为劣化绝缘子

序号	检测方法	要求	判断标准
4	巡检	正常运行	釉面缺损面积不满足 GB 772 的规定，瓷件裂纹、破损，钢脚与水泥处松裂等判为劣化绝缘子
5	机械强度试验	停电	当机械强度下降到 85% 额定机电破坏负荷时判为劣化绝缘子

此外，对于运行的瓷绝缘子，如出现以下情况，应对该批次绝缘子进行抽样试验，抽样试验项目如表 2-4 所示。

表 2-4　　　　　　　　运行瓷绝缘子抽样试验项目内容

序号	试验项目	抽样要求	试验方法
1	温度循环试验	E1 和 E2	GB/T 1001.1 第 24.1 条
2	机电破坏负荷试验	E1	GB/T 1001.1 第 19 条、第 34.2 条
3	冲击过电压击穿耐受试验	E2	DL/T 1000.1 第 4.16 条
4	打击负荷试验	3 只	DL/T 1000.1 附录 B

（1）釉面出现部分脱落或显著的色调不均匀现象；

（2）绝缘件出现裂纹、变碎、部分脱落；

（3）投运 2 年内年均劣化率大于 0.04%，或 2 年后检测周期内年均劣化率大于 0.02%，或年劣化率大于 0.1%；

（4）铁帽和钢脚开裂，钢脚出现弯曲；

（5）胶装水泥有裂纹、歪斜；

（6）绝缘子掉串。

试验判定准则：

（1）温度循环试验中，若有绝缘子发生损坏，需补齐同等数量的绝缘子进行重复试验。

（2）温度循环试验后进行的机电（械）破坏负荷试验中，每片绝缘子的机电（械）破坏负荷值应不小于 0.85 的规定机械负荷（specified mechanical load，SML）。

第三节　案例一：悬式绝缘子劣化诊断

一、故障描述

2 月 5 日，某 220kV 线路 I 发生断路器跳闸，两套保护动作，三相跳闸，三相重合闸成功，故障点距附近变电站 6.6km，事故发生时为雨夹雪天气。

现场巡视发现线路 I 的 24 号塔 B 相（上相）小号侧其中一串瓷绝缘子已全部破碎并断裂，另一串瓷绝缘子部分破碎，同时 A 相（中相）、C 相（下相）绝缘子均有破损，由 B 相绝缘子瓷片掉落后砸坏造成。现场照片如图 2-1、图 2-2 所示。

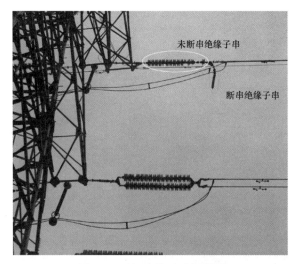

图 2-1　现场绝缘子破损情况

图 2-2　断串绝缘子 1～6 号钢帽情况（1 号为横担侧）

220kV 线路Ⅰ的 24 号杆塔为耐张塔，故障绝缘子为悬式瓷绝缘子，于 2008 年 10 月投入运行。

二、故障诊断

（1）现场红外检测。2 月 10 日，对该 220kV 线路Ⅰ的 19、24、30 号三基杆塔悬式瓷绝缘子进行红外精确测温，发现 30 号杆塔小号侧 A 相、小号侧 B 相、小号侧 C 相绝缘子存在异常发热，红外测温图谱如图 2-3～图 2-5 所示；其余单串瓷绝缘子温差在 0.5℃以内，未发现异常。

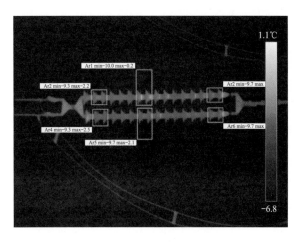

图 2-3　30 号杆塔小号侧 A 相

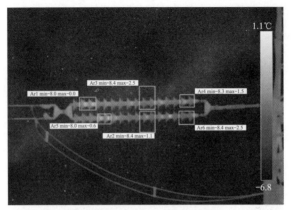

图 2-4　30 号杆塔小号侧 B 相

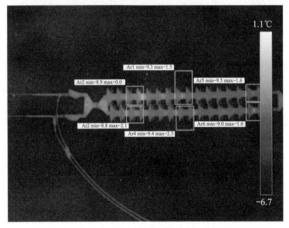

图 2-5　30 号杆塔小号侧 C 相

（2）实验室检测。

1）外观检查。对 220kV 线路 I 24 号塔 B 相小号侧断串 16 片瓷绝缘子铁帽、铁脚进行外观检查，发现整串绝缘子均呈现放电烧蚀痕迹，并形成完整放电通道；3、5、6 号（1号为横担侧）绝缘子铁帽中瓷件完全脱落，并呈现炸裂现象，整串绝缘子伞裙全部脱落。

断串瓷绝缘子外观检查如图 2-6 所示。

为进一步对比 3、5、6 号绝缘子铁帽与其他绝缘子的区别，选取 1、2 号绝缘子对其铁帽部分进行切割，发现 1、2 号绝缘子铁帽外部呈现完整电弧烧蚀通道，内部无放电痕迹；3、5、6 号绝缘子铁帽外部电弧烧蚀通道不连续，内部出现放电烧蚀痕迹。铁帽内剩余瓷件完全脱落，具体如图 2-7、图 2-8 所示。

图 2-6　断串瓷绝缘子外观检查（一）

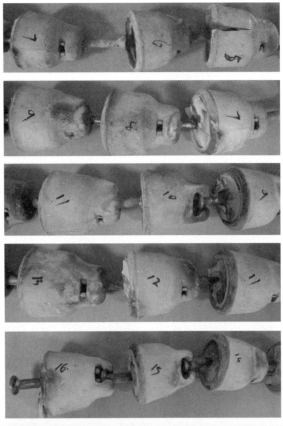

图 2-6 断串瓷绝缘子外观检查（二）

图 2-7 1、2 号绝缘子铁帽内、
    外部放电痕迹

图 2-8 3、5、6 号绝缘子铁帽内、
    外部放电痕迹

2）绝缘子试验检测。从 220kV 线路 I 的 30 号塔上选取 32 个已投运 6 年的绝缘子展开试验分析。具体检测流程如图 2-9 所示。

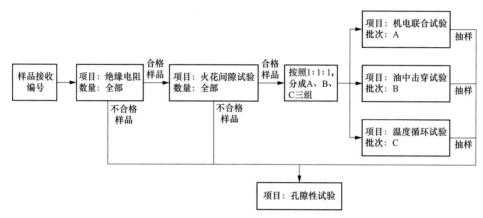

图 2-9　试验检测流程

试验结果如表 2-5 所示。

表 2-5　　　　　　　　　　线路 I 30 号杆塔绝缘子性能检测结果

试品编号	绝缘电阻（Ω）	工频火花间隙试验	温度循环试验	机电联合试验	油中击穿试验	孔隙性试验
1	160G	通过	未通过	—	—	—
2	188G	通过	未通过	—	—	—
3	166G	未通过	—	—	—	—
4	1.77M	未通过	—	—	—	通过
5	183G	通过	—	未通过	—	—
6	342G	未通过	—	—	—	—
7	210G	通过	—	未通过	—	—
8	84.9G	通过	—	—	—	—
9	53G	通过	未通过	—	—	—
10	45.1G	通过	未通过	—	—	—
11	52.5G	通过	—	—	通过	—
12	43.3G	通过	—	—	通过	—
13	46G	通过	—	—	—	—
14	112G	通过	未通过	—	—	—
15	16.8G	未通过	—	—	—	通过
16	3.09G	未通过	—	—	—	—
17	116G	通过	—	未通过	—	—
18	206G	未通过	—	—	—	—
19	186G	未通过	—	—	—	—
20	169G	通过	—	—	—	—
21	56.2G	通过	—	—	—	—
22	28.5G	通过	未通过	—	—	通过
23	46.1G	未通过	—	—	—	—
24	28G	通过	通过	—	—	—
25	47.5G	通过	—	—	通过	—
26	172G	通过	—	—	通过	—

试品编号	绝缘电阻（Ω）	工频火花间隙试验	温度循环试验	机电联合试验	油中击穿试验	孔隙性试验
27	155G	通过	—	—	通过	—
28	83.6G	未通过	—	—	—	—
29	173G	通过	—	—	通过	—
30	4.7M	未通过	—	—	—	通过
31	206G	通过	—	—	通过	—
32	280G	未通过	—	—	—	—

由表 2-5 可以看出，该 220kV 线路 Ⅰ 的 30 号杆塔送检绝缘子中检出较多劣化绝缘子。其中，绝缘电阻测量发现 2 只零值绝缘子；工频火花隙试验检出 11 只劣化绝缘子；温度循环试验 7 只抽检绝缘子中，6 只绝缘子未通过；机电联合试验 3 只抽检绝缘子均未通过。

3）气象情况。经查询，故障线路发生地区在 2 月 3 日有较大降温，2 月 5 日事故发生前最低气温降至 0℃，事故发生时气温 3.60℃。具体温度变化如图 2-10 所示。

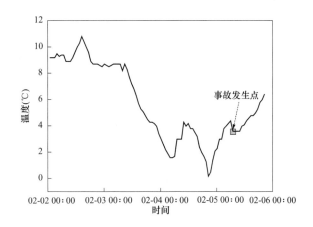

图 2-10　故障线路地区天气温度变化图

（3）结果分析。

1）由现场红外检测和实验室外观检查可以得出结论，24 号杆塔小号侧 B 相绝缘子发生断串故障，主要由于 3、5、6 号绝缘子存在零值导致内绝缘（铁帽内瓷件绝缘）发生击穿，并致使其余绝缘子发生沿伞裙闪络，整个绝缘子串产生完整放电通道从而使得线路发生短路故障；线路短时大电流通过 3、5、6 号绝缘子铁帽内瓷件，造成瓷件炸裂，是导致绝缘子串断串的直接原因。

2）现场对 30 号杆塔进行精确红外测温，发现三相绝缘子均存在异常发热。对送检的绝缘子采用实验室检测方法，发现送检绝缘子绝缘电阻检测存在 2 只零值绝缘子，从而证实了红外测温的有效性，因此可将红外测温作为现场检测绝缘子故障的有效方法。

3）温度循环试验结果表明，7 只抽检绝缘子中 6 只绝缘子未通过，证明其耐温度变化特性差。通过对比温度循环试验前后的工频火花电压试验结果，并结合线路故障发生地区 2 月 2～6 日温度变化情况，分析认为本次故障绝缘子存在质量问题，瓷件玻璃相成分偏高（瓷件玻璃相成分起连接 Al_2O_3 晶体和填充气孔的作用，使瓷成为一个致密的整体，同时也可以使瓷的烧成温度降低和晶粒细化），导致瓷绝缘子耐温度变化特性变差，随着运行时间的增加，在冷热温度长时间交替作用下，导致瓷件逐步劣化。

三、预防措施

（1）组织开展专项红外测温和零值排查检测工作，同时结合停电，加大不同地区的取样范围和数量送检分析，一旦发现同批次存在缺陷应立即全部更换。

（2）加强恶劣天气下的跟踪巡视和红外检测，避免温度交变情况下可能存在再次发生瓷绝缘子断串故障风险。

（3）加强瓷绝缘子的入网抽检，避免发生大批量存在家族性缺陷的绝缘子投入运行，严格把好设备入网质量。

第四节　案例二：长棒型绝缘子瓷件损伤

一、故障描述

3 月 14 日，某市供电公司检修人员对 500kV I 线进行清扫作业时，发现某长棒型瓷绝缘子第 8 片小伞伞裙内侧开裂，该绝缘子类型为 LP85/18＋17/1460。为了防范同批次产品出现类似缺陷，防止绝缘子出现掉串、爬距不足等影响输电线路安全可靠运行。3 月 14～16 日，检测人员针对缺陷绝缘子进行解体和试验分析，并选取了 1 支同批次在运长棒型瓷绝缘子进行抽检试验。

二、故障诊断

（1）现场检测。外观检查发现长棒型瓷绝缘子第 8 片小伞伞裙开裂，最大裂口直径约 4mm，裂纹宽约 90mm，如图 2-11 所示。随后将开裂伞裙进行解体分析，如图 2-12 所示，将伞裙截面分为三个区域，检查发现区域 1 含有干泥块杂质，这是由于绝缘子生产过程中泥浆内含有的干泥块等杂质未被完全过滤，加之少量泥浆脱水性不同而产生，瓷件成形后已有裂纹未能在出厂检验时检出，最后上釉时釉浆沿裂纹渗入到伞内，区域 1 即为故障点。区域 2 的黄色痕迹验证了瓷件在已开裂的情况下，上釉时瓷件高温氧化产生的痕迹。区域 3 为瓷件烧制完好的表面。

（2）试验检测。针对有缺陷的长棒型瓷绝缘子和同批次产品，开展了温度循环试验（见图 2-13）、残余机械强度试验和孔隙性试验。

从表 2-6～表 2-8 试验结果可以看出，两只长棒型瓷绝缘子各项性能满足标准要求，伞裙开裂不影响产品的机械强度。

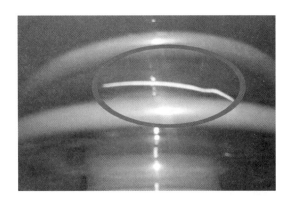

图 2-11　长棒型瓷绝缘子运行开裂

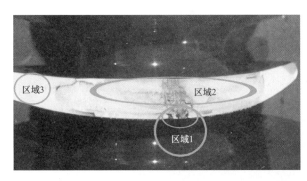

图 2-12　长棒型瓷绝缘子裂纹缺陷　　　　图 2-13　温度循环试验

表 2-6　　　　　　　　　　　　　温 度 循 环 试 验 结 果

试品	高温（℃）	常温（℃）	停留时间（min）	循环次数	检测结果	备注
1 号	87	10	15	3	第 8 片小伞伞裙敲击声音异常，其他伞裙完好	裂纹绝缘子
2 号	87	10	15	3	完好	完好绝缘子

表 2-7　　　　　　　　　　　　　机 械 性 能 试 验 结 果

试品	80％额定机械负荷（kN）	耐受时间（min）	结果	机械破坏负荷（kN）	破坏形式	结果	备注
1 号	168	1	通过	258	本体断裂，断裂部位不在裂纹出现位置	合格	裂纹绝缘子
2 号	168	1	通过	239	钢帽拉断	合格	完好绝缘子

表 2-8　　　　　　　　　　　　　孔 隙 性 试 验 结 果

试品	施加压力（N/m²）	施加时间（h）	结果	备注
1 号	22×10^6	9	未渗透	裂纹绝缘子
2 号	22×10^6	9	未渗透	完好绝缘子

绝缘子钢帽拉断和裂纹绝缘子本体断裂情况见图 2-14 和图 2-15。

图 2-14　绝缘子钢帽拉断

图 2-15　裂纹绝缘子本体断裂

孔隙性试验和检查见图 2-16 和图 2-17。

图 2-16　孔隙性试验

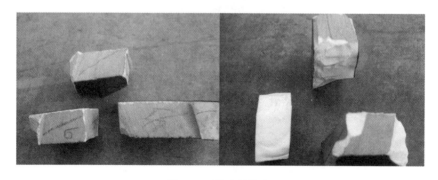
图 2-17　孔隙性检查

从解体后瓷件截面可以判断，该缺陷主要为生产中泥浆内存在干泥块等杂质，在产品加工完成时已经形成，因为产品出厂前主要依靠人工肉眼检查，该绝缘子应为漏检出厂产品，与运行过程中工频电弧、电晕放电等无关。通过试验发现长棒型瓷绝缘子各项性能均满足标准要求。

（3）绝缘子裂纹及断裂事故原因分析。

1）绝缘子瓷件质量不良。长棒型瓷绝缘子在制造或运输过程中残留了试验时难以检出的微小裂缝，在运行中可能发展成裂纹甚至断裂。瓷件在制造过程中，未严格按照生产工艺的要求，原料混入杂质或拌料不均匀，均会导致绝缘子机械性能下降，在运行中受到振动或者压力会导致断裂。在烧制过程中由于炉内温度控制不好，如氧化阶段碳素未能完全分解氧化、还原阶段三价铁还原不足，未能完全转变为低价铁等原因，容易导致青边、黑芯和黄芯等问题产生。此外，原料中 Al_2O_3 含量较低和铁杂质较多也是产生上述问题的原因。

2）温度差引起的应力。长棒型瓷绝缘子与法兰的连接是用水泥胶装剂胶装，由于法兰、水泥、瓷是三种不同的物质，三者的膨胀系数不同，铸铁法兰的膨胀系数为 $12\times10^{-6}/K$，水泥为 $10\times10^{-6}/K$，瓷为 $3.5\sim4.0\times10^{-6}/K$，因此当温度降低时，法兰的收缩量大，而瓷件收缩量小，其收缩约束了铸铁的收缩，此时二者之间产生应力，温差变化大而导致应变力也相应增大，长此以往对绝缘子胶装部位的瓷件产生累积损伤效应。

3）水泥胶装剂膨胀产生的应力。水泥胶装剂夹在法兰和绝缘子瓷件之间，膨胀受到约束。早期产品的水泥胶装工艺未对暴露在空气中的水泥界面进行密封处理。由于水泥具有吸水性，吸水后体积膨胀，必然对绝缘子胶装部位瓷件产生应力，长期经受这种应力也会损伤绝缘子胶装部位的瓷体，也是造成绝缘子断裂的原因之一。

三、预防措施

（1）加强巡视检查，用望远镜观察瓷件和法兰粘接水泥有无脱落，瓷体有无裂纹，必要时应登塔观测或通过无人机进行观测。

（2）在运行时，开展紫外放电检测；在检修停运时，开展超声波检测。根据检测结果对存在问题的绝缘子及时更换处理。

（3）加强对新使用和新更换的长棒型瓷绝缘子投运前的检查和检测，检测合格后方可投运，确保新投运长棒型瓷绝缘子的质量。

第五节　案例三：悬式绝缘子断串分析

一、故障描述

6月10日11时26分25秒，某220kV变电站内220kV正母线保护动作，5处断路器跳闸，220kV正母线、110kV正母线失电，35kV备自投动作。事故发生时该地区为暴雨天气。经查，220kV正母线C相故障，故障电流37000A。经现场查找，发现1号主变压器2501悬式绝缘子串发生断串。

现场检查发现，1号主变压器2501间隔C相悬式绝缘子破碎，散落在地（见图2-18），已无完整片。同时，发现1号主变压器2501断路器B相灭弧室瓷套破损、电流互感器C相瓷套瓷裙轻微损坏，分别如图2-19、图2-20所示。

该悬式绝缘子型号为XWP2-70，1998年出厂。

图 2-18　1 号主变压器 2501 间隔 C 相悬式绝缘子断串

图 2-19　1 号主变压器 2501 断路器 B 相
灭弧室瓷套破损

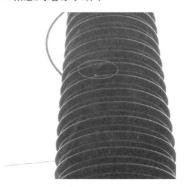

图 2-20　1 号主变压器 2501 电流
互感器 C 相瓷套

二、故障诊断

（1）故障相绝缘子串外观检查。检查发现，与 U 型挂板（与天桥相连部件）相接的铁帽被炸裂，U 型挂板及螺栓表面有多处烧蚀痕迹（如图 2-21 所示）。14 个铁帽中 7 个炸裂（其中有 1 个为半片），7 个未炸裂（如图 2-22 所示）；11 个铁帽中不含瓷体，3 个有残留瓷体，且两个残留瓷体断面有晶化现象（如图 2-23 所示）；1 个铁帽边缘有烧熔现象（如图 2-24 所示）。钢脚烧蚀情况如图 2-25 所示。

（2）悬垂线夹外观检查。绝缘子串悬垂线夹如图 2-26 所示。

悬垂线夹固定于长 8.2m 的导线中部，两端长分别为 4m 和 4.2m。通过外观检测发现，悬垂线夹的多个部位出现了不同程度的电弧灼烧情况，灼烧表面有明显的金属熔化痕迹，其中 M16 的固定螺栓烧熔处的最小直径约为 15mm，具体如图 2-27 所示。

（3）铁帽材料金相分析。检查发现多只绝缘子的铁帽出现爆裂或开裂，为分析铁帽本身的性能，对发生了完全破裂的一只绝缘子铁帽进行了材质分析。绝缘子铁帽依据的标准为 JB/T 8178《悬式绝缘子铁帽　技术条件》，铁帽的材料应符合 GB/T 9440《可锻铸铁件》或 GB/T 1348《球墨铸铁件》规定牌号的理化性能要求。也就是说用于绝缘子的铁帽可以是可锻铸铁或球墨铸铁中的一种。

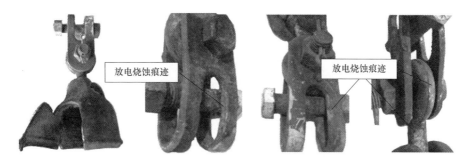

图 2-21　U 型挂板的烧蚀情况

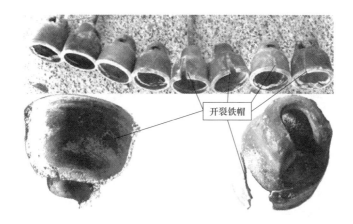

图 2-22　部分钢帽炸裂情况

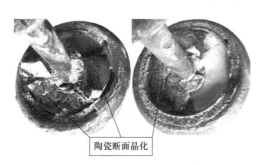

图 2-23　钢帽中陶瓷断面的晶化

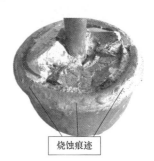

图 2-24　铁帽边缘烧熔情况

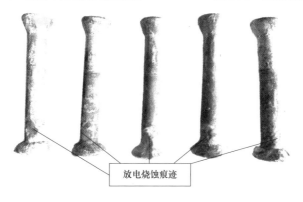

图 2-25　钢脚的烧蚀

图 2-26 碎裂绝缘子串悬垂线夹

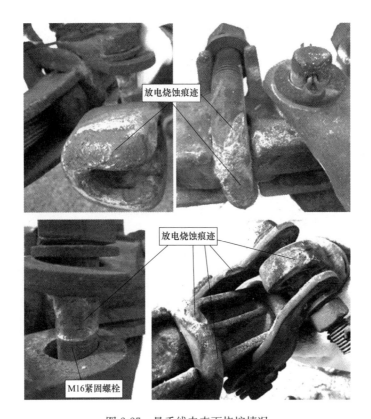

图 2-27 悬垂线夹表面烧熔情况

金相分析表明，铁帽的金相组织为铁素体＋团絮状的石墨，符合可锻铸铁的金相组织，由此可以推测铁帽材质为可锻铸铁。如图 2-28 所示。

由于铁帽的结构尺寸限制，无法按照 GB/T 9440 的要求进行力学性能试验，所以进一步对其金相组织进行分析。依据 GB/T 25746《可锻铸铁金相检验》分析，铁帽材料的金相组织中石墨为团絮状 ［图 2-29（a）］、石墨形状分级为 2 级 ［图 2-29（b）］，表征其组织正常。

图 2-28　铁帽材料的金相组织（铁素体＋团絮状的石墨）

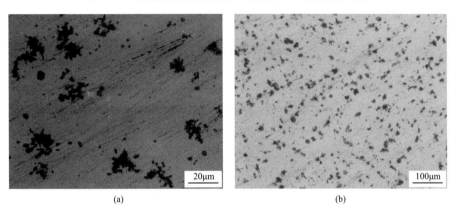

(a) (b)

图 2-29　铁帽材料的金相组织分析——石墨形状分类及分级

（a）石墨形状分类；（b）石墨形状分级

（4）同工况绝缘子串电气性能分析。对同工况 A 相、B 相两串绝缘子进行性能检测，主要内容包括绝缘电阻测量、工频耐受电压试验、温度循环试验、机电破坏负荷试验，两串绝缘子检测结果如表 2-9 和表 2-10 所示。

表 2-9　　　　　　　　　　　　同工况 A 相绝缘子串检测结果

序号	绝缘电阻（Ω）	工频耐受电压试验	温度循环试验	机电破坏负荷试验
1	1.42G	×，击穿电压 28.22kV	—	—
2	5.31G	√	通过	66.5kN
3	7.81G	√	通过	71kN
4	8.96G	√	通过	71.5kN
5	5.64G	√	通过	92kN
6	6.52G	√	通过	×，破坏负荷 57.5kN
7	12.2G	√	通过	×，破坏负荷 55kN
8	6.38G	√	通过	72.5kN
9	6.22G	√	通过	×，破坏负荷 59.5kN
10	7.33G	√	通过	82kN
11	7.43G	√	通过	67.5kN
12	4.97G	√	通过	85.5kN

序号	绝缘电阻（Ω）	工频耐受电压试验	温度循环试验	机电破坏负荷试验
13	564M	×，击穿电压 33.78kV	—	—
14	1.87G	√	通过	73.5kN
15	8.66G	√	通过	69kN

表 2-10 　　　　　　　　　　　同工况 B 相绝缘子串检测结果

序号	绝缘电阻（Ω）	工频耐受电压试验	温度循环试验	机电破坏负荷试验
1	2.13G	√	通过	72.5kN
2	4.96G	√	通过	×，破坏负荷 55.5kN
3	6.61G	√	通过	81kN
4	10.7G	√	通过	×，破坏负荷 51.5kN
5	6.94M	—	—	—
6	7.04G	√	通过	72kN
7	11.2G	√	通过	69kN
8	6.48G	√	通过	66.5kN
9	9.45G	√	通过	69kN
10	10.1G	√	通过	×，破坏负荷 57kN
11	6.22G	√	通过	74.5kN
12	13.6G	√	通过	68.5kN
13	14.4G	√	通过	×，破坏负荷 55.5kN
14	9.41G	√	通过	80kN
15	14.4G	√	通过	74kN

1）绝缘电阻测试。在环境温度为 28.1℃、相对湿度为 80.6% 的条件下进行两串绝缘子的绝缘电阻测试：实验室检测结果 A 相串中绝缘子均大于 500MΩ，不存在零值；B 相串中导线侧第 5 片绝缘子为零值（6.94MΩ），其余绝缘子绝缘电阻均在 1GΩ 以上。

2）干工频耐压试验。对每片绝缘子进行 60kV 工频电压下 1min 耐受试验，结果发现 A 相串导线侧第 1 片和第 13 片发生击穿，击穿电压分别为 28.22kV 和 33.78kV；B 相串全部通过耐压试验。

3）温度循环试验。对两串绝缘子进行温度循环试验。经检查，未发现瓷件产生裂纹或其他缺陷，温度循环试验均通过。

4）机电破坏负荷试验。A 相绝缘子串内第 6、7、9 三片绝缘子机电破坏负荷试验检测结果较低，根据 DL/T 626《劣化绝缘子检测规程》，6、7、9 三片绝缘子为劣化绝缘子。同时，在该串绝缘子中第 2、11、15 三片绝缘子机电破坏负荷检测结果低于该类型绝缘子额定机电破坏负荷值（70kN）。

B 相绝缘子串内第 2、4、10、13 四片绝缘子机电破坏负荷试验检测结果较低，为劣化绝缘子。同时，第 7、8、9、12 四片绝缘子机电破坏负荷检测结果低于该类型绝缘子额定机电破坏负荷值。

5）孔隙性试验。对 B 相串第 5 片绝缘子（绝缘电阻为 6.94MΩ，为零值绝缘子）

进行孔隙性检测。试验结果如图 2-30 所示，可以看出绝缘子瓷片断口与瓷片外表颜色有差异，说明瓷片未出现明显品红渗透现象，孔隙性试验通过。

图 2-30   孔隙性试验结果

（5）结果分析。

1）从故障相绝缘子串绝缘子钢帽、钢脚、悬垂线夹、U 型挂板表面存在的放电灼烧痕迹，以及半数绝缘子钢帽裂开的情况来看，故障绝缘子串发生了电弧闪络，并发生炸裂。

2）根据同工况绝缘子绝缘电阻测量、工频耐受电压试验、机电破坏负荷试验结果综合分析，同批次绝缘子存在一定程度劣化（单串劣化占比达到 1/3）。因此，推测故障串绝缘子同样存在劣化情况甚至更加严重，引起串内绝缘子电气及机械性能下降，导致绝缘子内部发热。在暴雨环境下，绝缘子内外冷热不均导致本次故障的发生。

三、预防措施

（1）该批次绝缘子已运行 20 年，所检绝缘子串劣化占比达到 1/3，建议对故障变电站内同厂家、同批次绝缘子进行更换。

（2）对于运行年限较长的变电站内盘型悬式瓷绝缘子，建议开展抽样检测，及时排查和消除隐患。

第三章

复合绝缘子故障试验诊断

第一节　复合绝缘子常见故障

　　线路复合绝缘子因其质量轻、机械强度高、表面憎水性强、耐污闪能力强、不测零值、制造维护方便等优点，在全国 1kV 及以上交、直流线路中得到广泛应用。随着复合绝缘子挂网运行数量的增多和运行年限的增加，复合绝缘子发生事故的情况也日趋增多，主要表现在憎水性下降、芯棒脆断、雷击闪络、鸟害、机械强度下降等方面。

　　早期复合绝缘子因密封工艺不成熟、密封材料性能不佳等问题造成水分浸入芯棒内部，导致芯棒脆断故障较多。雷击闪络在复合绝缘子闪络事故中占比较高，具体原因有：①杆塔接地电阻高引起反击导致的闪络，110kV 线路多为反击；②因绕击引起的闪络，500kV 线路多为绕击；③因均压环位置安装缩短了绝缘长度导致的闪络。

　　据统计，鸟粪污秽闪络占复合绝缘子闪络事故比例较高。鸟粪闪络一般可从伞裙表面留有的鸟粪残迹判断，但有时在导线通过鸟粪形成的放电通道对地放电时，由于鸟粪的电导率高，鸟粪下落时呈断续状，其间形成的多组合间隙产生电弧，几千摄氏度的电弧高温立即将其气化或炭化，在接地端的杆塔塔材上有时很难看到明显的放电痕迹。与瓷绝缘子和玻璃绝缘子相比，鸟害造成的复合绝缘子闪络率较高，主要由于与瓷绝缘子或玻璃绝缘子相比，复合绝缘子两端的绝缘距离较短，在鸟排便的瞬间，易于形成鸟粪的桥接，从而造成绝缘子高低压端部之间飞弧短接而发生闪络。因此可以说复合绝缘子鸟粪闪络率高与其本身的结构及材料特点相关。

　　在复合绝缘子的闪络故障中，不明原因的故障约占 15%，主要表现为绝缘子上闪络痕迹不明显，无法判定故障绝缘子和故障位置，与之对比的是电气试验结果均满足标准要求。

　　复合绝缘子要特别防止护套受损：一是这类隐患难以发现，并可能直接危及芯棒；二是后果严重，可能导致脆断而发生掉线事故。复合绝缘子芯棒在额定或低于额定机械破坏负荷下可能出现滑移，轻则硅橡胶的芯棒保护层开缝，重则芯棒从端部金具中脱出，甚至库存产品也存在机械强度显著下降的事例。早期复合绝缘子端部工艺采用楔式结构，有内楔、外楔和内外楔等形式，然而楔式结构的复合绝缘子在运行几年以后，机械性能会出现不同程度的下降，对线路安全运行构成一定的威胁。随着压接式工艺的出现和长时间运行经验证明，采用压接工艺的复合绝缘子能长期保持较好的机械强度，目前已完全取代早期的楔式结构。芯棒断裂事故中，以脆断最为突出。脆断是潮湿大气中放电产生的酸液侵入芯棒玻璃纤维后产生的断裂，保障密封的牢固与长效、防止护套受损是防止脆断的关键。目前复合绝缘子用芯棒均要求采用耐腐蚀芯棒。复合绝缘子研制并投运初期，脆断事故频发，其主要原因与端部密封工艺有关，早期密封技术和密封材料较差；随着技术的进步，目前端部工艺已有大幅提升，脆断事故也大大地降低了。运行时间较长的复合绝缘子伞裙弹性减弱、易撕裂，这表明硅橡胶表面材质发生了老化，主要体现在硅橡胶的撕裂强度和拉伸伸长率等指标发生了变化，若出现表面粉化、开裂、憎水性永久丧失等问题，将对电气性能产生较大的影响，必须进行及时的更换。

第二节　复合绝缘子日常检测方法

对于复合绝缘子可以通过带电红外测温诊断、憎水性在线监测等手段评估分析复合绝缘子的运行状态，根据 DL/T 741《架空输电线路运行规程》要求进行日常巡视、登杆检查和定期监测。检查复合绝缘子伞裙、护套是否出现破损或龟裂，端头密封是否开裂、老化。在雨、雾、露、雪等气象条件下复合绝缘子表面的局部放电情况及憎水性能是否减弱或消失，硅橡胶伞裙和护套表面是否有蚀损、漏电起痕、树枝状放电或电弧烧伤痕迹，端部金具连接部位是否有明显滑移，均压装置是否齐全，安装位置是否正确等。中、重污秽地区应定期检查复合绝缘子憎水性是否减弱或消失。

在运行复合绝缘子抽检方面，运行时间达 10 年的复合绝缘子应按批进行一次抽检试验，第一次抽检 6 年后，应进行第二次抽检。对于重污区、重冰区、大风区、高寒、高湿、强紫外线等特殊环境地区，应结合运行经验，缩短抽检周期。

抽检样本为 $E1$ 和 $E2$，样本大小见表 3-1，若被检复合绝缘子多于 1 万支，则应分成几批，试验结果应分别对每批做出评定。

表 3-1　　　　　　　　　　　抽 检 试 验 样 本 数 量

批量	样本大小（支）	
	$E1$	$E2$
$N \leqslant 300$	2	1
$300 < N \leqslant 2000$	4	3
$2000 < N \leqslant 5000$	8	4
$5000 < N \leqslant 10000$	12	6

运行复合绝缘子抽检试验项目见表 3-2。

表 3-2　　　　　　　　　抽 检 试 验 项 目

序号	试验项目	试品数量	试验方法
1	憎水性试验	$E1+E2$	DL/T 1474
2	带护套芯棒水扩散试验	$E2$	GB/T 19515

序号	试验项目	试品数量	试验方法
3	水煮后的陡波前冲击耐受电压试验	$E2$	GB/T 19515
4	密封性能试验	$E1$ 中取 1 支	GB/T 19515
5	机械破坏负荷试验	$E1$	GB/T 19515

如果仅有 1 支试品不符合表 3-2 中的第 2 项、第 3 项中的任一项或第 4 项时，则在同批产品中加倍抽样进行重复试验。若第一次试验时有超过 1 支试品不合格或在重复试验中仍有 1 支试品不合格，则该批次复合绝缘子应退出运行。若机械强度低于 67％额定机械拉伸强度（SML）时，应加倍抽样试验，若仍低于 67％额定机械拉伸负荷（SML）时，该批复合绝缘子应退出运行。

运行复合绝缘子憎水性检验周期及判定准则见表 3-3，憎水性分级标准见表 3-4 和图 3-1。

表 3-3   憎水性检验周期及判定准则

憎水性分级（HC）	检测周期（年）	判定准则
HC1～HC2	3～5	继续运行
HC3～HC4	2～3	继续运行
HC5	1	运行跟踪检测
HC6	—	退出运行

表 3-4   憎水性分级的描述与憎水性分级标准

HC 值	试品表面水珠状态描述
HC1	只有分离水珠，大部分水珠的后退角 $\theta \geqslant 80°$
HC2	只有分离水珠，大部分水珠的后退角 $50° < \theta < 80°$
HC3	只有分离水珠，水珠一般不再是圆的，大部分水珠的后退角 $20° < \theta < 50°$
HC4	同时存在分离的水珠与水带，完全湿润的水带面积小于 $2cm^2$，总面积小于被测区面积的 90％
HC5	一些完全湿润的水带面积大于 $2cm^2$，总面积小于被测区面积的 90％
HC6	完全湿润总面积大于被测区面积的 90％，仍存在少量干燥区域（点或带）
HC7	整个被试区域形成连续的水膜

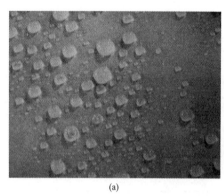

(a)   (b)

图 3-1   憎水性分级图（一）

(a) HC1；(b) HC2

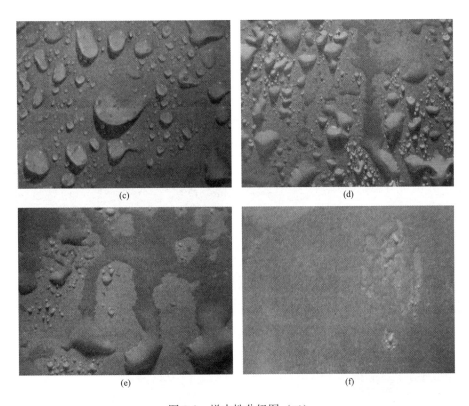

图 3-1 憎水性分级图（二）
(c) HC3；(d) HC4；(e) HC5；(f) HC6

第三节 案例一：端部密封失效导致芯棒断裂

一、故障描述

2011 年 12 月 27 日，某 220kV 输电线路 C 相主保护动作跳闸，重合不成；故障时当地为中雨天气。现场巡线发现某直线塔 C 相（下相）悬垂串复合绝缘子击穿，整支芯棒内绝缘击穿，护套破损，均压环上有放电痕迹。

该故障线路已经投运十几年，双回同杆架设，耐张串采用瓷绝缘子，直线悬垂串采用复合绝缘子，复合绝缘子使用年限为 8 年。

二、故障诊断

1. 现场检查

绝缘子为挤包穿伞式结构，端部为早期内楔式连接工艺，采用室温硫化硅橡胶密封，发现时高压端密封胶已严重脱落，外露金属腔表面颜色陈旧。伞裙变硬发黑，积污较重，表面因电弧烧灼出现大面积粉化，接地侧尤其严重。绝缘子芯棒从高压端部密封界面起始，沿轴向形成贯穿性通道，宽为 1～2cm，长度超过绝缘子全长的四分之三；

护套大部分已与芯棒剥离，少数击穿面存在碳化通道和烧黑痕迹；两端部金具被电弧灼伤严重。

绝缘子所处现场情况如图 3-2 所示。

图 3-2　绝缘子所处现场情况

故障绝缘子内击穿通道如图 3-3 所示。

绝缘子端部密封失效图 3-4 所示。

图 3-3　故障绝缘子内击穿通道　　　　图 3-4　故障绝缘子端部密封失效

为了更好地分析复合绝缘子的故障原因，对与此次故障同批次同类型的绝缘子进行分析。如图 3-5 所示。

图 3-5　同批次绝缘子端部密封失效

通过取样并观察可以发现，样品伞裙及护套外形完整，无破损；绝缘子伞裙表面有不均匀分布的自然污秽，同样存在大面积粉化；端部密封出现轻微开裂。

2. 实验室试验

（1）憎水性试验。为了定性分析故障绝缘子的憎水性能，首先用喷水分级法进行憎水性试验，结果发现故障绝缘子憎水性严重下降，仅有 HC5～HC6 级，如表 3-5 所示。

表 3-5　　　　　　　　　　　　　　　憎 水 性 试 验 结 果

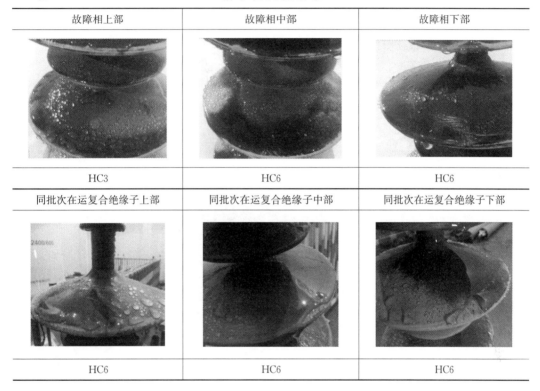

故障相上部	故障相中部	故障相下部
HC3	HC6	HC6
同批次在运复合绝缘子上部	同批次在运复合绝缘子中部	同批次在运复合绝缘子下部
HC6	HC6	HC6

由试验结果可以看出，该批次复合绝缘子表面性能下降严重，大部分伞裙已基本丧失憎水性。

（2）工频污耐压试验。对同批次在运绝缘子进行了工频污耐压试验，结果如表 3-6 所示。

表 3-6　　　　　　　　　　　　　工频污耐压试验结果

最大耐受电压值（kV）	最大泄漏电流值（mA）	试验结果
145.3	1.1	耐受

通过试验结果可以看出，最大耐压值和最大泄漏电流均符合绝缘子耐受范围。

（3）陡波冲击电压试验。将同批次在运复合绝缘子每 500mm 为一段，施加陡波前冲击电压，绝缘子每次放电都在绝缘子外表面闪络，试验后检查没有发现任何异常现象，所有试验段通过，如表 3-7 所示，由此可以表明同批次在运复合绝缘子护套与芯棒之间未出现界面问题。

表 3-7							陡波前冲击耐受电压试验结果
样品名称	正极性试验			负极性试验			标准
	陡度 （kV/μs）	冲击次数 （次/段）	结果	陡度 （kV/μs）	冲击次数 （次/段）	结果	陡度大于 1000kV/μs 内绝缘未击穿
非故障相	1168.4	25	合格	1225.0	25	合格	

（4）验证金属附件和护套间界面的渗透性。进行端部密封渗透试验：在 70％额定机械负荷下，将非故障相绝缘子高压端靠近金属头的整个密封面完全浸泡在 0.1％品红溶液中 30min，将高压端密封硅橡胶切开，检查有无品红渗透现象。金属附件与护套间界面渗透性验证试验结果见表 3-8，端部轻微渗透情况如图 3-6 所示。

表 3-8			金属附件与护套间界面渗透性验证试验结果		
样品	浸染时间（min）	70％额定机械负荷（kN）	耐受时间（min）	内部检查	结果
同批次在运复合绝缘子	30	75.6	30	无裂纹	端部轻微渗透

图 3-6　端部轻微渗透

（5）额定机械负荷 SML。

额定机械负荷试验结果见表 3-9。

表 3-9			额定机械负荷试验结果		
样品名称	额定机械负荷（kN）	耐受时间（min）	破坏负荷（kN）	破坏形式	结果
非故障相	100	1	157.7	钢脚脱落	合格

根据对故障相绝缘子外观检查和单支同批次在运复合绝缘子的各项试验分析，认为该线路 C 相故障绝缘子运行中击穿原因与端部密封失效有关。

由于同批次在运复合绝缘子通过了陡波冲击试验，表明绝缘子芯棒和护套不存在界面问题。而该批次绝缘子为挤包穿伞工艺，端部密封采用在室温下由室温硫化硅橡胶手工密封完成。室温硫化硅橡胶硫化后，抗老化性能不佳，在端部金具出现电晕的情况下可能过早劣化，这些缺陷均造成复合绝缘子运行几年后密封性能降低或失效。如图 3-7、图 3-8 所示，剥除同批次在运复合绝缘子高压端靠近金属附件的护套硅橡胶，金属腔表面呈现粗糙氧化状态，且存在积灰，这说明有空气进入密封层，即该批次绝缘子经过多年运行，端部密封效果已经变差。在雨天等潮湿天气下，潮气很容易通过失效的端部密封浸入芯棒与金具、护套的界面，而本次故障绝缘子恰好位于杆塔下相，端部出现气隙后，雨水容易渗入并积存，潮气沿端部芯棒的界面或缺陷进入绝缘子内部，缓慢向上发展、芯棒腐蚀、机械性能下降。由于绝缘子表面憎水性已严重下降，在故障发生时降雨使得绝缘子外绝缘表面形成导电通道，加上内部存在绝缘缺陷、内部绝缘击穿发生闪络，芯棒在大电流和机械拉力同时作用下出现开裂。

图 3-7　剥离硅橡胶的端部金具　　　　图 3-8　内楔式绝缘子解剖示意图

三、预防措施

防止复合绝缘子芯棒脆断主要应从端部密封和外护套方面着手，具体建议如下：

（1）材料和工艺：复合绝缘子厂家在选用良好耐酸蚀芯棒的同时努力改进端头密封结构设计和密封材料，从而提高密封性能，防止密封失效。

（2）优化均压环设计：复合绝缘子厂家要优化均压环设计，除合理选取均压环外径 R、圆管半径 r 和屏蔽深度 H 外，还要保证均压环表面具有良好的光洁度，以避免长期强烈的电晕破坏端部密封加速外护套老化和芯棒腐蚀的进程，且均压环还应设计成防止装反的结构，以确保均压环能正确安装。

（3）加强检验：加强复合绝缘子端部密封性能的试验和护套伞裙耐电蚀性能的试验。

（4）存储和施工安装方面：在复合绝缘子存储过程中防止小动物咬噬，拆开包装箱后不要随便堆置，防止外物划伤，施工过程中防止工器具碰伤和机械损伤，在安装过程中严禁踩踏复合绝缘子以免破坏伞裙和护套。

（5）加强运行检测：运行单位应加强对运行中复合绝缘子的检测，以便尽早发现有隐患的复合绝缘子。

第四节　案例二：护套蚀孔导致芯棒断裂

一、故障描述

2009 年 10 月 28 日，某 500kV 紧凑型输电线路复合绝缘子出现断裂，发生故障的复合绝缘子为双Ⅰ串悬挂的一支，悬挂角度为140°。复合绝缘子已经悬挂数年。在绝缘子发生事故之前的例行巡线过程中，红外测温曾发现故障复合绝缘子距离高压端1.8m左右的区域有局部轻微的温升，而同年的上次例行巡线中未发生上述异常情况。

二、故障诊断

1. 现场检查

通过观察绝缘子发现，复合绝缘子断裂位置距离高压端金具0.3～0.4m，断面颜色不均匀且呈扫帚状，有明显的腐蚀痕迹。以上现象说明，这是一起老化机理不同于常规脆断的复合绝缘子断裂事故。

在整个护套上共发现25个蚀孔，蚀损孔集中分布在靠近高压端的14个伞裙单元内。近半数蚀孔内充满腐蚀的微小硅橡胶材料，用针可以轻易挑出，见图3-9。其他蚀孔虽然没有在内部发现蚀损的硅橡胶材料，但是可以推测两种蚀孔的产生机理是一样的，都是由护套内部缺陷造成。

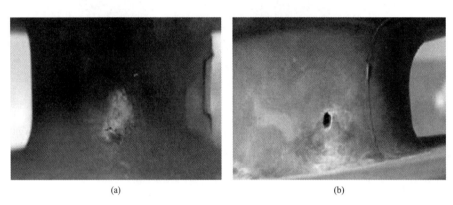

(a)   (b)

图 3-9　绝缘子护套上的蚀孔

（a）蚀孔原始状态；（b）用针将蚀孔内腐蚀残渣挑出后

2. 实验室试验

（1）憎水性试验。首先用喷水分级法进行憎水性试验，然后分别对损坏的复合绝缘子和并列悬挂的未断裂绝缘子进行接触角测量与ESDD/NSDD试验，检测表面憎水性等级（HC）以及积污情况。在整支复合绝缘子上选取3个位置进行测量（高压端HV，中端，低压端LV），每个位置同时检测伞裙的上、下表面。等值盐密/灰密与憎水性测量试验结果见表3-10。ESDD与NSDD的试验结果显示，断裂复合绝缘子高压端附近伞裙下表面的积污量远超过同串悬挂未断裂的复合绝缘子。而在中端与低压端，两支复合绝缘子的积污程度差距显著减小，这说明断裂复合绝缘子在高压端内缺陷附近的电场大大增加，因此造成了积污的增加。

两支复合绝缘子高压端附近伞盘上表面的憎水性等级相同，但是对于下表面，事故绝缘子下表面完全亲水（HC＝6），这与积污试验的结果也是一致的：事故绝缘子高压端下表面的等值灰密约为同串未断裂绝缘子等值灰密的9.7倍，积污严重。

表 3-10 故障复合绝缘子与平行同串未损坏绝缘子伞裙试验测量结果

位置	复合绝缘子	ESDD 上/下表面 (mg/cm²)	NSDD 上/下表面 (mg/cm²)	上/下表面憎水性
高压侧	断裂	0.015/0.040	0.285/0.487	HC5/HC6
	同串未断裂	0.010/0.008	0.182/0.050	HC5/HC4
中端	断裂	0.014/0.012	0.122/0.083	HC6/HC3
	同串未断裂	0.011/0.007	0.048/0.046	HC5/HC2
低压侧	断裂	0.011/0.009	0.131/0.093	HC6/HC3
	同串未断裂	0.012/0.009	0.040/0.026	HC2/HC2

（2）红外和紫外检测。在对受损绝缘子进行解剖前，首先对复合绝缘子加压并进行红外与紫外检测，试验电压为 $550kV/\sqrt{3}=318kV$（AC），试验时无均压环。加压 5min后，在复合绝缘子上发现存在局部发热点，温升为 $2\sim3℃$，发热区域距断裂点 $880\sim1040mm$，区域内存在蚀孔且在加压过程中有电晕存在。红外测温试验结果显示，在低压侧，距断裂位置 1m 处存在部分传导性缺陷，并且蚀孔区域传导性缺陷附近的电场强度足以引发局部电晕。此外，使用直流电压表测量蚀孔区域的电阻值，也可以很直接地证明传导性缺陷的存在，测量电阻值在 $1\sim120M\Omega$。

（3）解体检查。解剖时，可以轻易地将硅橡胶护套与芯棒剥离，护套与芯棒之间黏结性已经完全丧失。并且，在护套内侧可以发现有少部分芯棒材料的残余，这说明芯棒材料的机械特性，例如芯棒内部玻璃纤维与树脂之间的微观交界面的机械特性，已经开始出现老化，如图 3-10、图 3-11 所示。

图 3-10 护套蚀孔图

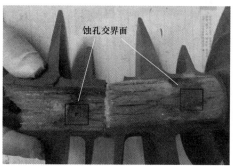
图 3-11 蚀孔附近老化的交界面图

在护套内侧与芯棒表面均有黑色斑点，并且部分芯棒区域也呈黑色，与断口附近的颜色相似。使用万用表测量黑色与褐色区域，其电阻值小于 100Ω，导通性良好。目前，有研究证明传导性的交界面缺陷可能会引起护套的裂痕与蚀孔。因此可以认为，距离断裂位置 1.1m 处的蚀孔区域内部曾经出现过高电流密度的局部泄漏电流。剥离远离断裂点的绝缘子区域的护套材料可以发现，其黏结性丧失，见图 3-12。不过与断裂点附近有所不同的是，远离断裂点的芯棒材料没有明显变色，同样在相应的护套内侧没有发现芯棒材料附着。所以，在远离缺陷点的复合绝缘子，芯棒与护套之间的宏观交界面质量不佳。

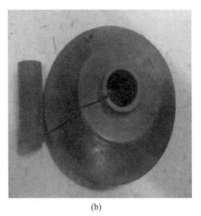

(a)   (b)

图 3-12　轻易从芯棒上剥离的护套材料

（a）距断裂点 3.9m 处；（b）距断裂点 1.2m 处

（4）扫描电子显微镜试验。扫描电子显微镜（SEM）是一种利用电子束扫描样品表面从而获得样品信息的电子显微镜，可产生样品表面形貌特征的高分辨率图像，能被用来鉴定样品的表面结构。

分别使用车床与手术刀从复合绝缘子样品上切割下部分芯棒薄片与纤维材料进行SEM 观察，结果如图 3-13 所示。

(a)   (b)

图 3-13　老化腐蚀的芯棒切片样品与未老化腐蚀的芯棒切片样品

（a）与断裂点距离 850mm；（b）与断裂点距离 4.4m

使用机床将故障绝缘子的芯棒切成 1mm 的薄片，并使用手术刀从断口处剥离部分变色的与未变色的芯棒纤维样品，进行 SEM 观察。扫描电镜型号：Hitachi S-4800，分辨率 1.0nm。透光观察芯棒材料的切片，可以很清晰地发现在老化变色的芯棒材料中有部分黑斑，而在未老化样品中则没有发现类似的黑斑。值得注意的是，出现黑斑的绝缘子取样于距离断裂点 850mm 处；因此，说明在断裂发生前，复合绝缘子远离断裂点处的芯棒内部微观交界面已经出现明显的老化现象。对有黑斑的芯棒材料进行 SEM 观察，可以清楚地发现黑斑区域内芯棒材料腐蚀严重（图 3-14），并且变色芯棒内部玻璃纤维表面的粗糙度要远高于未变色的芯棒材料。

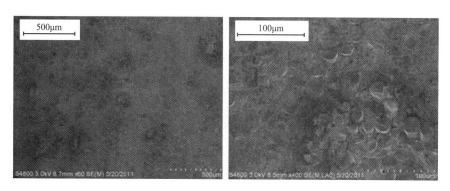

图 3-14　芯棒样品的切片 SEM 电镜扫描结果

　　扫描电镜的结果还显示，对于老化的芯棒材料，玻璃纤维更多的暴露在外界环境下，玻璃纤维与树脂的微观交界面的黏结性丧失十分严重。同时，这种微观交界面的破坏也会影响芯棒的机械性能，最终可能导致绝缘子的断裂故障。

　　（5）热学分析试验。对芯棒材料的热学分析采用热重法（TG）与差示扫描量热法（DSC）。

　　1）热重法（TG）。TG 分析采用氩气和 10℃/min 的升温速度。芯棒样品 1、3、4 号重量几乎相同，1 号（白色材料）是从老化不明显的芯棒材料上截取的，3 号（变色材料）是从老化芯棒材料上截取的，4 号（从黑色蚀孔区域截取的黑色芯棒材料）是从严重老化芯棒材料上截取的。

　　严重老化的样品（4 号）质量减少最少（小于 10%），发生质量变化的温度最高（$T \approx 340℃$），见图 3-15。变色老化的芯棒材料（3 号）损失的质量最高（17%），而白色的未明显老化的材料（1 号）损失的质量则为（12%），两种材料重量变化的起始温度均约为 330℃。老化程度的不同可能是造成这种质量下降不同的原因，严重老化的样品（4 号）中经历了严重的局部放电和很高的存在于护套与芯棒交界面的泄漏电流，因此已经经历了严重老化，并由于腐蚀而损失了部分质量（在剥离护套时可以发现部分老化材料残留的粉末），所以在热重实验过程中的质量损失较少。而与完好的样品（1 号）不同的是，未严重老化的样品（3 号）经历了水解、离子交换的过程，环氧树脂材料与玻璃纤维之间的微观界面老化破坏了交界面的分子结构。因此，在加热过程中，材料更容易受热分解，导致了与严重老化的样品相比，未严重老化的样品（3 号）在 TG 实验中比完好样品（1 号）质量损失更大。

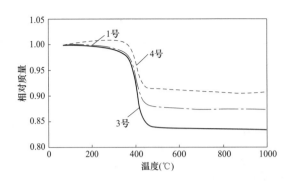

图3-15 白色（1号）、变色（3号）和严重老化（4号）芯棒材料的TG曲线

1号—断裂处截取的白色芯棒材料（低压侧）；3号—断裂处截取的变芯棒材料（低压侧）；

4号—蚀孔区域截取的黑色芯棒材料（低压侧）

除了芯棒分析，TG还可以用于具有相似质量的老化和未老化护套材料样品的分析。老化材料（5号）从含有蚀孔的护套上获得，未老化材料（6号）从不含有蚀孔护套上截取；含有蚀孔的老化护套材料（5号）和不含蚀孔护套材料（6号）的TG曲线见图3-16。

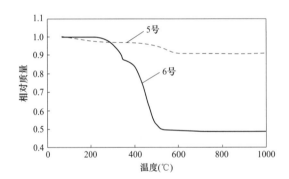

图3-16 含有蚀孔的老化护套材料（5号）和不含蚀孔护套材料（6号）的TG曲线

样品在$T>240℃$和$T>350℃$两个过程中的质量减少是因为填充材料脱水造成的，比如氢氧化铝$Al(OH)_3$（ATH）。

$$2Al(OH)_3 \longrightarrow 2AlOOH + 2H_2O$$

$$2AlOOH \longrightarrow Al_2O_3 + H_2O$$

较少的质量损失是因为材料5号（含有蚀孔的老化护套材料）已经经历过脱水过程。这一结论证实了猜想：护套蚀孔是由于运行中热老化，内部出现蚀痕、腐蚀这一系列过程引起的，可以排除外部产生蚀孔是由于电击等原因造成的。

2）差示扫描量热法（DSC）。在氩气中进行DSC实验的温度循环根据典型的数值和规程：①从室温冷却至−50℃，冷却速度为5℃/min；②维持恒温5min，然后升温至200℃，升温速度为10℃/min；③从200℃冷却至−50℃，冷却速度为5℃/min；④维持恒温5min，然后升温至650℃，升温速度为10℃/min。

第1个降温过程是为了排除材料中某些过去发生的变化对实验结果的影响，去除吸收的水分以及代偿由热效应或者机械压力造成的结构不均匀性。只对第2次的升温结果进行分析，样品 1、3、4、5、6 号与 TG 分析中的截取区域相同。正负热流峰分别代表放热与吸热过程。

在老化不明显的 1 号样品的 DSC 曲线中未发现尖峰出现，说明了在 $-50℃$ 到 $650℃$ 的温度范围内，样品没有结构的变化、相的变化以及玻璃化。在 $T>340℃$ 时样品 1 号的 DSC 曲线只是少量连续的减少，在 $400℃$ 曲线有一个小的凹陷。在温度高于 $330℃$ 时 DSC 曲线与 TG 实验得出的质量损失是一致的。

相反的，变色（3 号）和严重老化（4 号）的芯棒材料经受了发热，然后引起了化学或者结构的变化，体现在 DSC 曲线存在很多的正峰值。对于样品 4 号 $T>320℃$ 时 DSC 曲线连续减少，在 $410℃$ 时有一个由于吸热而产生的凹陷，这与 TG 分析的质量损失是一致的。样品 3 号在 $T>320℃$ 时吸热凹陷被放热峰所掩盖，这也发生在样品 4 号在 $T>460℃$ 时。猜想这些放热峰来源于未知的化学反应或者发生在未老化芯棒材料（1 号）中的结构变化。

含蚀孔的老化护套材料（5 号）在整个温度变化范围内热流量几乎没有变化。在实验过程中，该样品材料未发生结构改变，因为在形成蚀孔损坏的过程中大量放热，蚀孔处的硅橡胶材料已经被严重破坏。样品 6 号的 DSC 曲线在 $T>240℃$ 时降低，同时在 $T≈345℃$ 时有一个小的吸热峰。这部分 DSC 曲线和 TG 分析中第一个过程中的质量损失一致。发热阶段发生在 $T>350℃$ 时，与质量损失的第二阶段相一致。

分析结果显示断裂的绝缘子护套—芯棒粘接不牢固，同时水分的存在明显降低了绝缘子的机械性能。这两种缺陷被认为是复合绝缘子老化产生和发展的决定性因素。水分引起的复合绝缘子老化过程的步骤：水分能够以液体或者蒸汽的形式进入复合绝缘子内部。在雨季，积聚在绝缘子表面的液态水首先通过扩散过程进入硅橡胶护套。如果有长时间的大雨，扩散的水分能够到达芯棒和护套的交界面处甚至进入到芯棒材料中。然而，由于水分在 FRP（玻璃钢增强塑料）材料中的扩散过程比在硅橡胶材料中慢，因此水分的侵入量是非常少的，不能够引起芯棒材料性能的急剧下降。护套—芯棒的交界面由于水解导致性能下降，然而这种性能下降不能够被排除。水分入侵复合绝缘子的阻力决定于芯棒材料和护套—芯棒的交界面以及硅橡胶材料对水分的吸收能力。

吸收的水分能够进一步在交界面缺陷处积累，比如空洞、裂缝和空气隙，从而形成了高电导率和绝缘贯穿的区域。然而，在潮湿的季节这样的内部缺陷出现时，相比水分吸收，水蒸气渗入硅橡胶护套对性能下降过程更具决定性。观测到高温硫化硅橡胶在潮湿环境下对水蒸气渗入不能够形成有效的阻挡。因此，护套—芯棒交界面或者芯棒内部充满空气的缺陷会很快被水蒸气充满，然后水蒸气再次凝结。一旦缺陷被浸湿，老化过程就开始了（这一过程更有可能发生在高压电极附近的高压区域），由于受潮缺陷部分的电导率增加以及绝缘贯穿，其泄漏电流密度增大。

在护套断裂和蚀孔发生后，由于芯棒裸露在环境条件下，因此老化过程会进一步加剧。由于离子交换和水解以及界面蚀痕很容易被加剧，芯棒材料的性能下降直到复合绝缘子最终断裂。

分析结果显示断裂的绝缘子护套—芯棒粘接不牢固，同时水分的存在明显降低了绝缘子的机械性能。这两种缺陷被认为是复合绝缘子老化产生和发展的决定性因素。

三、预防措施

（1）考虑复合绝缘子长期挂网运行时复合绝缘子护套和芯棒间良好黏合的重要性。

对于采用整体注射工艺的压接式绝缘子，可以先压接金具，再通过注射伞套的办法形成护套与金具之间的良好密封。此外，目前国外与国内均有厂家在护套上增加一层或多层型密封圈，金具口部也会根据需要作一些形状设计或工艺上的改进。

（2）带电检测过程中为了定位被识别的老化过程，建议在雨季或雨季之后采用红外测温仪检测复合绝缘子内部是否有发热现象，绝缘子若出现发热点和护套蚀孔需要及时更换。

第五节　案例三：复合绝缘子芯棒异常发热诊断

一、故障描述

2010 年 6 月 13 日，巡线人员发现 500kV 某线 38 号杆塔 B 相北侧的复合绝缘子芯棒存在异常发热，发热点集中在高压侧距离金具约 30cm 处，发热点温度为 26.02℃（对比温度为 17.89℃）。该绝缘子为德国进口产品，2001 年 3 月投运，运行时间 9 年多；该故障点所处环境属于 D1 级污秽区。现场拍摄红外图片见图 3-17。

图 3-17　500kV 线路复合绝缘子红外发热缺陷

二、故障诊断

1. 试验检测分析。

（1）外观检查。外观检查主要针对复合绝缘子端部锈蚀情况、绝缘子各连接部分是否有脱胶、裂缝、滑移等现象，绝缘子表面有无裂纹或粉化现象，伞裙、护套材料有无变硬发脆现象，伞裙护套漏电起痕与电蚀情况、污秽状态。

通过对该异常发热复合绝缘子进行外观检查发现，其伞裙无破损、表面污秽致密、伞裙较硬、高压护套侧存在多处蚀损点，如图3-18所示；端部金具锈蚀，金具与芯棒护套连接处出现密封胶脱落现象，如图3-19所示。

图 3-18　伞裙及护套

图 3-19　芯棒与伞裙连接处

（2）憎水性试验。采用喷水分级法对异常发热绝缘子进行憎水性测试，分别按高压侧、中部、低压侧三个部分进行试验。

该异常发热线路复合绝缘子高压侧憎水性为 HC3、中部 HC4、低压侧为 HC3，如图 3-20 所示。按照 DL/T 864 标准判定准则要求，该复合绝缘子憎水性良好，满足继续运行要求，因此该批绝缘子不是因憎水性能变化导致的绝缘问题。

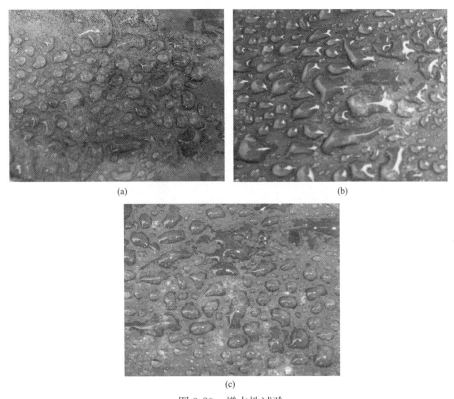
(a)　　　　　　　　　　　　　(b)

(c)

图 3-20　憎水性试验
(a) 高压侧 HC3；(b) 中部 HC4；(c) 低压侧 HC3

（3）机械试验。按照标准要求，对该异常发热线路绝缘子先进行50％额定机械负荷耐受试验，再进行水煮试验和陡波冲击电压试验。试验要求复合绝缘子应在50％额定机械负荷下耐受1min而不损坏、不位移。

该复合绝缘子额定负荷为180kN，将复合绝缘子固定在拉力试验机上，当施加90.4kN拉力时，复合绝缘子发生断裂，未通过50％额定机械负荷耐受试验。如图3-21和图3-22所示。断裂后的芯棒颜色变为黄褐色，断口处的玻璃纤维均已酥脆，属脆性断裂并伴有拉丝现象，断裂部位与异常发热点位置吻合。

根据DL/T 864判定准则，该类绝缘子应退出运行。

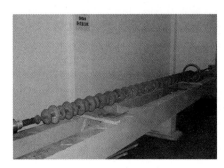 

图3-21　机械负荷试验　　　　　图3-22　机械负荷试验断裂口

2. 故障原因分析。

500kV故障绝缘子为德国进口公司2001年产品，该类绝缘子护套厚度较薄，芯棒护套与金属界面处为凹槽结构，容易聚集水分和污秽、设计不合理、密封工艺较差。

该复合绝缘子异常发热主要原因是长期运行后芯棒护套与金具界面部位密封胶出现脱落，由于高压端电场强度高，电晕放电使得空气发生电离生成氮氧化物NO_x，在水和潮气的环境下发生反应生成弱硝酸，渗入芯棒后加剧了芯棒的腐蚀；另外，工业的发展使得环境污染下酸雨尤为普遍，酸雨通过端部密封部分直接与芯棒接触。

三、预防措施

（1）早期国内外复合绝缘子护套厚度较薄，密封胶多采用室温硫化硅橡胶材料，密封性能差，存在安全隐患，建议尽快完成更换。

（2）加强复合绝缘子的红外巡检，及时发现各类隐性故障，对存在异常发热的复合绝缘子进行送检试验，确认同批次复合绝缘子运行状态。

第六节　案例四：空心复合绝缘子硅橡胶伞裙老化案例

一、故障描述

某省110kV GIS出线复合套管挂网运行一定年限后出现了空心复合绝缘子伞裙老

化现象。套管型号为 SES650-2500L，生产日期为 2004 年 1 月。检测人员针对老化空心复合绝缘子进行了外观检测和微观分析，为现场评估运维检修提供参考依据。

二、故障诊断

1. 外观检查

选取套管上部和下部伞裙若干，根据 DL/T 810 规定，对选取的伞裙进行预处理，先将样品置于无水乙醇清洗表面，然后用去离子水冲洗，干燥后在实验室标准环境下保存 24h 后备用。

该套管样品在变电站挂网运行时呈水平放置状态，如图 3-23（a）所示，套管上部和下部的伞裙老化状态明显不同。图 3-23（b）为套管上部伞裙形貌，图 3-23（c）为套管伞裙憎水性测试图片，对比观察显示套管上部伞裙积污更为严重，表面粗糙且颜色较深，出现了较深的横向纵向裂痕以及大面积的微小网状裂纹，用手擦拭表面有明显的白色粉化物；下部伞裙积污较轻，局部有微小网状裂纹，但表面整体较为光滑平整，用手擦拭无明显的白色粉化物。

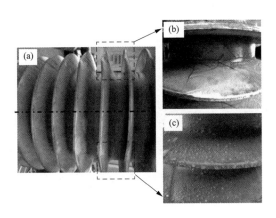

图 3-23 老化复合套管表面状态

采用喷水分级法对套管上部和下部伞裙憎水性进行测量，测量结果显示套管上部伞裙表面憎水性分级为 HC6～HC7，表面憎水性较差；而下部伞裙表面憎水分级 HC3～HC4 级。

2. 实验微观检测

（1）扫描电镜 SEM 检测。

如图 3-24 为套管伞裙表面微观 SEM 照片。图 3-24（a）显示套管上部伞裙表面斑驳不平、蚀损严重，出现的大量裂纹和孔隙将表面分割成大小不等的块状结构；图 3-24（b）显示套管下部伞裙表面有少量裂痕，但整体较为光滑平整。可见，随着老化程度的加剧，伞裙表面光滑平整的物理结构遭到破坏，出现开裂和斑驳不平的物理缺陷。

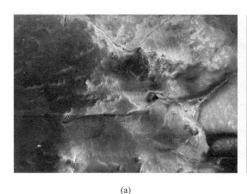
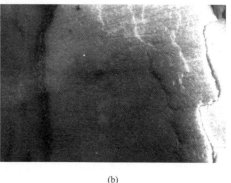

(a)

(b)

图 3-24　套管伞裙表面微观 SEM 照片

(a) 套管上部伞裙表面；(b) 套管下部伞裙表面

将套管上部和下部伞裙进行切片，采用 SEM 观测其侧面结构，如图 3-25（a）和图 3-25（b）所示。观测结果显示套管上部和下部伞裙内部结构致密，无明显不同，但表面均出现一层粉化层，厚度分别约为 $200\mu m$ 和 $50\mu m$，说明伞裙的老化是自外向内发展，老化程度与粉化层厚度呈正相关性发展。

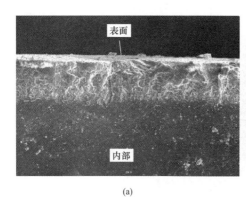
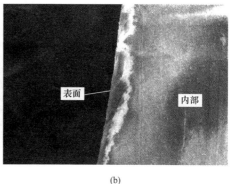

(a)

(b)

图 3-25　套管伞裙内部 SEM 照片

(a) 套管上部伞裙侧面；(b) 套管下部伞裙侧面

（2）傅立叶红外光谱 FTIR 分析。

采用红外光谱定量分析复合绝缘套管粉化层和内表面的特定官能团的相对含量，以此表征复合绝缘套管表面老化后表面状态。

复合套管上部和下部伞裙表面及其内部试品红外光谱图如图 3-26（a）所示。总体来看，各曲线红外特征吸收峰对应的波数范围基本一致，红外特征吸收峰主要集中在 $1500\sim500cm^{-1}$ 和 $3200\sim2000cm^{-1}$ 波数范围内。

图 3-26（b）为 $1500\sim500cm^{-1}$ 波数范围的局部放大图，可以观察到的特征峰主要有波数为 $1260cm^{-1}$ 处的硅橡胶侧链甲基 $Si\text{-}CH_3$ 中的 C-H 对称摇摆吸收峰，波数为 $1100\sim1000cm^{-1}$ 处的硅橡胶主链 Si-O-Si 中的 Si-O 峰，以及波数 $840\sim790cm^{-1}$ 处的交联基团 $O\text{-}Si(CH)_2\text{-}O$ 中的 Si-O 峰。

图 3-26（c）为波数 3700～2000cm^{-1} 范围局部放大图，可以观察到的特征峰主要有波数为 2962～2960cm^{-1} 处的 Si-CH$_3$ 中的 C-H 不对称吸收峰，波数为 2361～2356cm^{-1} 处为无机填料三水氧化铝（ATH）中的官能团。

对比图 3-26（b）中伞裙表面以及内部的红外图谱可以看出，在套管上部伞裙和下部伞裙的内部，代表硅橡胶主链 Si-O-Si 中的 Si-O 峰、侧链甲基 Si-CH3 中的 C-H 对称摇摆吸收峰和交联基团 O-Si(CH)$_2$-O 中的 Si-O 峰的高度基本一致，明显大于伞裙表面的特征峰高度，说明伞裙内部的硅橡胶（LSR）分子组成基本一致，没有发生明显老化现象。

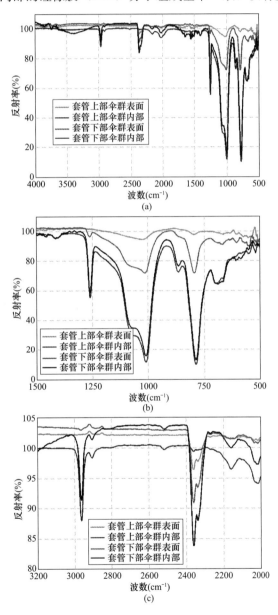

图 3-26　不同试品的红外光谱图

（a）全波段红外光谱图；（b）1500～500cm^{-1} 波数范围的局部放大图；（c）3700～2000cm^{-1} 波数范围局部放大图

老化较为严重的套管上部伞裙和下部伞裙表面的红外光谱中没有形成新的特征峰，且各峰的位置也没有明显变动，说明 LSR 在老化过程中没有其他新的基团生成。但是代表硅橡胶主链 Si-O-Si 中的 Si-O 峰以及交联基团 O-Si(CH)$_2$-O 中的 Si-O 峰高度明显减弱，说明在老化过程中 LSR 的官能团之间的化学键发生断裂，长链含量和交联程度均有明显下降。另外，与憎水性密切相关的侧链甲基 Si-CH$_3$ 中的 C-H 峰（1260cm^{-1} 处的对称摇摆吸收峰和 2960cm^{-1} 处的不对称吸收峰）的强度相比伞裙内部也有明显减弱，说明在老化过程中 LSR 侧链上的甲基数量减少，憎水性降低。上述分析结果与肉眼观察到的伞裙表面粉化、龟裂和憎水性下降是吻合的。

（3）热重分析（TG）。

TG 分析结果如图 3-27 所示，由热失重曲线可知，套管上部伞裙内部和下部伞裙内部在 350℃之前较为稳定，几乎不发生质量变化；在 350～850℃阶段为物质分解损失质量阶段，两者分别失重 26.05％和 25.11％；在整个加热范围内，两者的热失重曲线基本吻合，说明套管上部伞裙内部和下部伞裙内部物质组成基本一致，没有受到外界因素的影响而发生明显的老化现象，这与 FTIR 分析的结果一致。

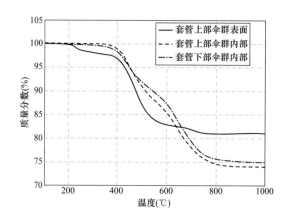

图 3-27　复合套管 TG 曲线

与伞裙内部热失重曲线对比显示，伞裙表面样品热失重曲线明显不同，在 200℃时即开始失重，升温至 400℃时失重 3.17％，大于套管上部伞裙内部和下部伞裙内部样品的 1.16％和 1.77％，说明在 200～400℃阶段，伞裙表面和内部除了由于低分子蒸发和部分填料脱水等共同因素导致失重外，伞裙表面还可能由于老化产生了一些断裂的硅氧烷小分子，其热稳定性较差引起了额外的失重。在 400～740℃阶段，化学键如 C—C、Si—O、Si—C 键开始断裂，为高分子物质分解损失质量阶段，该阶段失重 15.82％。温度大于 740℃阶段则仅剩无机残渣，整个过程累计失重 18.99％，小于伞裙内部样品的 26.05％和 25.11％，说明随着老化程度的加剧，LSR 中的有机成分含量逐渐减小，这与 FTIR 分析中观察到的特征峰基本一致相吻合。

三、预防措施

（1）水平放置的复合套管上部伞裙较下部更容易受到雨露的侵蚀，表面龟裂的硅橡胶伞裙受潮或遇水以后，极易产生局部放电现象，放电击穿空气产生的 O_3、NO、NO_2 等强氧化性气体，容易破坏硅橡胶材料憎水性基团，使得硅橡胶材料表面憎水性丧失。因此需要加强日常巡检，对老化严重已达到影响绝缘性能的套管给予更换。

（2）为保证复合绝缘套管在使用年限内正常的使用寿命，制造企业和使用单位需从设计、制造、检验、验收、安装、运行维护等各环节实施质量管控，确保运行中使用的复合绝缘套管符合设计合理、制造质量合格的标准。

第四章

玻璃绝缘子故障试验诊断

第一节 玻璃绝缘子常见故障

玻璃是由石英砂、长石、石灰石和化工原料等经高温熔融成液体，经冷凝而成的一种匀质材料，其击穿强度比瓷高。玻璃绝缘子是由铁帽、钢脚和绝缘件用高标号水泥胶装而成的，绝缘子中使用的玻璃是钢化玻璃。因其同样采用无机材料，具有优良的机电性能和非常好的化学稳定性，同时也具有耐化学腐蚀和不易老化的能力。玻璃绝缘子的主要缺点是产品性能还不够稳定，其常见的故障类型主要表现在零值自爆、污闪等方面。

零值自爆是玻璃绝缘子区别于瓷绝缘子的最显著特点，当玻璃绝缘子存在内部缺陷时或受到大的外力冲击时，绝缘子玻璃体外层压应力和内部张应力的平衡受到破坏，内部的张应力得到释放，使玻璃体爆得粉碎，这就是通常所说的零值自爆。由于零值自爆具有自我淘汰的能力，因而无需对其进行绝缘测试，大大减轻了维护工作量，也有利于及时发现和更换零值绝缘子。具有零值绝缘子的绝缘子串，当发生污闪或雷击闪络时，短路电流在零值绝缘子铁帽和钢脚的外部通过，而不经过铁帽内部，大大减少了断串的概率。

第二节 玻璃绝缘子日常检测方法

钢化玻璃绝缘子的玻璃件是经高温熔融成型、钢化的构件，质地均匀，结构致密，具有无机材料特有的耐高温和耐老化的特性，能适应输电线路运行的各种复杂运行环境条件。从试验室多次工频电弧试验结果和在线路上遭受雷击闪络的运行情况来分析，玻璃绝缘子耐受大电流闪络特性优于瓷和复合绝缘子。

生产环节的玻璃绝缘子与瓷绝缘子在逐个试验、抽样试验、定型试验及补充试验内容和接收准则方面基本相同。抽样试验项目中除机械性能、热震试验等少数项目外，抽样准则和试验方法均可直接参考瓷绝缘子相关内容。玻璃绝缘子到货验收抽检和运行抽样试验内容分别如表 4-1 和表 4-2 所示。

表 4-1 　　　　　　　　玻璃绝缘子到货验收抽样及补充试验内容

序号	试验名称	试验方法	接收准则
1	外观、尺寸、偏差和过规检查	GB/T 775.1 第 2 条和第 3 条	DL/T 1000.1 第 4.2 条
2	锁紧销操作试验	GB/T 1001.1 第 23 条	GB/T 1001.1 第 23 条

序号	试验名称	试验方法	接收准则
3	温度循环试验	GB/T 1001.1 第 24 条	GB/T 775.1 第 5 条
4	机械破坏负荷试验	GB/T 1001.1 第 19 条、第 34.2 条	GB/T 1001.1 第 20.4 条
5	工频击穿耐受试验	GB/T 1001.1 第 15.1 条	GB/T 1001.1 第 15.1 条
6	热震试验	GB/T 1001.1 第 25 条	GB/T 1001.1 第 25 条
7	镀层试验	JB/T 8177	JB/T 8177
8	打击负荷试验	DL/T 1000.1 附录 B	DL/T 1000.1
9	可见电晕及无线电干扰性能试验	DL/T 1000.1	DL/T 1000.1
10	冲击过电压击穿耐受试验	DL/T 557	DL/T 1000.1 第 4.16 条
11	人工污秽耐受试验	GB/T 4585	DL/T 1000.1 第 4.14 条
12	工频电弧试验	DL/T 812	DL/T 1000.1 第 4.15 条
13	机械振动试验	DL/T 1000.1 附录 A	DL/T 1000.1 第 4.17 条

表 4-2　　　　　　　　玻璃绝缘子运行抽样试验内容

序号	试验项目	抽样要求	试验方法
1	机械破坏负荷试验	E1	GB/T 1001.1 第 19 条、第 34.2 条
2	冲击过电压击穿耐受试验	E2	DL/T 1000.1 第 4.16 条
3	打击负荷试验	3 只	DL/T 1000.1 附录 B
4	热震试验	E2	GB/T 1001.1 第 25 条

第三节　案例：玻璃绝缘子自爆故障诊断

一、故障描述

2011 年 2 月 28 日，500kV 大跨越塔北塔某 I 线 A、B、C 三相玻璃绝缘子自爆 33 片，II 线 A、C 线共自爆 8 片，大跨越南塔 I 线自爆 1 片，如图 4-1 所示。

(a)　　　　　　　　　　　　　　　　(b)

图 4-1　自爆玻璃绝缘子

（a）自爆绝缘子串整体外观；（b）自爆绝缘子局部外观

同年 3 月 20 日、21 日，500kV 大跨越北塔 II 线 A 相自爆 1 片，B 相自爆 3 片，如图 4-2 所示。

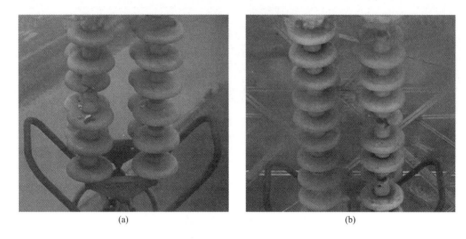

(a)   (b)

图 4-2　500kV 大跨越北塔 II 线 A、B 相自爆

（a）A 相自爆绝缘；（b）B 相自爆绝缘

二、故障诊断

（1）运行环境分析。从运行环境来看，大跨越北塔地势较低，邻近长江航道；大跨越南塔地势较高，周围为林区且离长江航道较远。通过大跨越视频监控可以看出，大跨越北塔绝缘子积污比大跨越南塔严重，如图 4-3 所示。

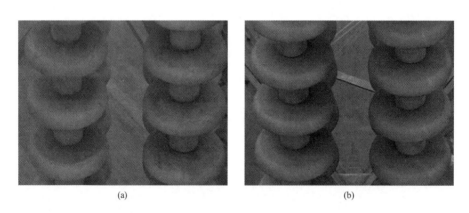

(a)   (b)

图 4-3　绝缘子积污情况（左—北塔，右—南塔）

（a）北塔绝缘子表面积污情况；（b）南塔绝缘子表面积污情况

（2）电晕放电及红外检测。通过现场勘测发现，小雨、雾天等潮湿天气下，大跨越绝缘子有强烈电晕放电声音。绝缘子自爆后通过红外测温，未发现异常发热绝缘子（图 4-4 和图 4-5）。

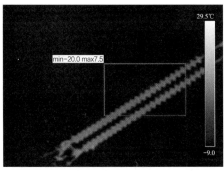
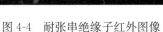

图 4-4　耐张串绝缘子红外图像

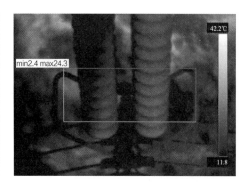

图 4-5　跨越塔直线绝缘子红外图像

（3）气象情况。

2 月 22～28 日，故障点地区遭遇连续阴雨天气，降雨强度最高为 40.2mm，26、27 日出现了冰粒和雨夹雪，雨量不大，易发生污闪天气。气象数据见表 4-3。

表 4-3　　　　　　　　　　　　　2 月 25～28 日气象数据

日期	风速（m/s）		气温（℃）		湿度（％）		降水强度（mm）
	最大	最小	最大	最小	最大	最小	
2011/2/25	14.8	5.1	11.8	4.2	100	48	0
2011/2/26	11.4	2.6	11.8	3.3	100	77	40.2
2011/2/27	8.7	1.6	11.8	3.9	100	95	26.4
2011/2/27 18：00～24：00	6.8	3.5	4.7	3.9	100	96	19.2
2011/2/28 00：00～8：00	6	2.9	3.9	1.9	100	99	21.6
2011/2/28 08：00～24：00	7.3	2.1	2.9	−0.1	00	90	21

3 月 19～21 日，该地区出现间歇性的小雨天气，降雨强度最高为 4.8mm，早晚温差大，夜间最低温度为 4.9℃。

（4）玻璃绝缘子自爆的规律性。玻璃绝缘子自爆存在峰值期。玻璃绝缘子的玻璃件，由于钢化内应力分布不均匀，产品在输电线路上运行过程中会产生自爆现象，它的自爆属于早期暴露，其峰值期一般为 1～3 年，以后逐年下降并稳定在一定水平，即自爆率稳定在 0.02％～0.04％。玻璃绝缘子的自爆在整条输电线路上的分布是零星并分散的，只要及时更换自爆后的残锤，不会造成输电线路停电故障。

1）玻璃绝缘子自爆原因可分为内因和外因。内因与玻璃材质本身有关，若玻璃绝缘子制造过程中含有微粒杂质，则是由钢化玻璃绝缘子内因导致自爆。外因与绝缘子运行环境、表面积污特性和温差变化有关。从以往运行经验及文献资料表明，运行 1～3 年后自身有缺陷的玻璃绝缘子自爆率最高，随着运行年限的增加，玻璃绝缘子会逐步趋于稳定。

2）通过对自爆后绝缘子残锤分析发现，残锤的碎玻璃碴呈鱼鳞状（见图 4-6），说明自爆起始点位于玻璃件靠近钢帽底部附近，该绝缘子自爆是由于外部原因导致。若碎

图 4-6 自爆后玻璃绝缘子
残锤（鱼鳞状）

玻璃呈放射状，则起爆点位于玻璃件头部，自爆是由于自身质量引起；若碎玻璃同时存在鱼鳞和放射状，则起爆点位于玻璃件伞裙上，内因和外因都可能导致。

3）由于玻璃绝缘子为钟罩型结构，积污严重，在雨天、雾天潮湿天气下，污秽受潮溶解，绝缘子表面电阻下降，容易形成电晕放电、电弧放电，泄漏电流剧增，产生局部热应力使得玻璃体受热不均匀，长期积累后导致热击穿，发生绝缘子群爆。

4）北塔绝缘子积污比南塔绝缘子严重，由于绝缘子表面积污受地形、风向等影响，污秽形成方向性更易产生泄漏电流通道，增加绝缘子自爆概率，导致北塔比南塔自爆严重。

三、预防措施

（1）在雨天、雾天等天气下加强对大跨越的巡视，及时发现绝缘子自爆情况，防止出现大面积自爆造成绝缘距离不足的跳闸事故。玻璃绝缘子为钟罩型结构，积污更加严重，通过喷涂 RTV 涂料提高绝缘子自洁性能，从而减少由泄漏电流产生的局部热应力导致的自爆。

（2）提高玻璃制料的质量。首先加强原料和配合料的管理，杜绝杂质或颗粒大的原料掺入，对玻璃熔窑和供料道要选择耐火度高的耐火材料，减少剥落。同时，制定合理的玻璃熔制工艺制度，采用沉降法密度仪测定玻璃的均匀度，提高玻璃液的化学均一性，以满足钢化工艺的要求。

（3）制定合理的钢化工艺制度。钢化工艺包括玻璃件的恒温温度和时间，钢化风栅的结构和风嘴的配置，冷却用压缩空气的净化和压力，玻璃件钢化处理时间和支架的旋转速度等。采用优选法（正交设计的数理统计）制定合理的钢化工艺制度，同时采用偏振光应力仪进行抽样，检测钢化玻璃件的内应力是否均匀分布。

（4）为了降低产品在输电线路上运行的自爆率，对钢化玻璃件逐只进行一次热（400℃）冷（110℃）冲击和头部内水压力（35kPa）试验。前者主要剔除含有杂质和弱钢化的不良制品，后者主要剔除玻璃件头部钢化不良的制品，使产品的自爆率控制在 0.02% 以下。

第五章

输变电设备污闪事故

第一节　大气环境对设备外绝缘的影响

雾是气溶胶系统，是由大量悬浮在近地面空气中的微小水滴或冰晶组成的、能见度降低到 1km 以内的自然现象。灰霾是大量极细微的干尘粒等均匀地浮游在空中的空气混浊现象，灰霾使远处光亮物微带黄色、红色，黑暗物微带蓝色，空气能见度极低。灰霾的成分非常复杂，包括数百种大气颗粒物，如矿物颗粒物、海盐、硫酸盐、硝酸盐、有机气溶胶粒子等。含大量氮氧化物和碳氢化合物的汽车尾气和工厂废气是产生霾的罪魁祸首。上述颗粒在阳光和紫外线作用下，会发生光化学反应，产生光化学烟雾、毒性很大。产生霾的颗粒吸收空气中的水后体积急剧膨胀，在阳光和紫外线的光化学作用下使空气浑浊呈棕色。我国目前存在 4 个灰霾严重区域：黄淮海地区、长江河谷、四川盆地和珠江三角洲。

雾和霾的区别在于悬浮颗粒的水分含量，水分含量达到 90％以上的叫雾，水分含量低于 80％的叫霾，水分含量在 80％～90％之间的是雾和霾的混合物，但主要成分是霾。雾霾混合物大气的介电强度较洁净空气的介电强度大大下降是导致高压电气设备外绝缘空气起始放电电压下降的根本原因。霾在吸收水分体积膨胀后，颗粒中所含矿物颗粒物、海盐、硫酸盐、硝酸盐、有机气溶胶粒子溶解于水成为溶液并电离成正离子和负离子。空气中的这些含有大量离子的悬浮溶液包裹在电气设备外表面，在设备邻近电场作用下极易发生电离，加之与中性质点的碰撞电离，从而导致设备大气放电起始电压大大降低。

高压输电设备、变电站高压母线、高压配电装置以及设备外绝缘都是依赖空气来保证绝缘的。空气的电介质强度、空气中的物质组成、化合物、霾的光化学作用、空气中的悬浮物等对上述设备外绝缘的放电电压影响很大。由于人类活动对地球表面大气的破坏，严重加剧了污染，雾、霾及悬浮浑浊物对空气的电介性能的影响日益引起关注。空气质量而非绝缘子表面积污所导致的气体放电、设备短路的事故不断增加，大气质量危及电力系统，保证绝缘的高压设备的安全运行已是一个不争的现实。雾、霾、空气浑浊等引起的高压电气设备表面气体放电与因绝缘表面积污引起的沿面放电无论成因还是对策都是截然不同的。用传统的应对外绝缘表面污闪的办法来解决纯气体放电的雾闪和霾闪是不起作用的，浪费了大量的人力、物力、财力，却无法达到预期效果。

因此，在今后的科学研究和实际生产中要充分考虑大气环境对设备外绝缘的影响，才能有效避免一些污闪缺陷和事故的发生。

第二节　案例一：雾霾环境下变电站及线路污闪事故

一、故障描述

1月31日凌晨，某500kV线路及某变电站500kV母线连续发生多次故障跳闸，全部重合成功，故障测距均紧靠某开关站，1月31日晚全线恢复送电。当地气象部门记录显示，1月31日当地发布了大雾橙色预警信号。由于故障发生地区连续出现雾霾天气，从跳闸时间、次数等特征，初步认定为污闪故障。

二、故障诊断

（1）变电站内放电情况与环境概况。经现场巡视，于2月1日下午在该变电站内发现三处故障放电点（见图5-1），分别位于50132隔离开关、5043DK隔离开关和Ⅱ503串阻波器，存在明显电弧灼伤痕迹均为支柱绝缘子沿面闪络。

图 5-1　变电站故障放电点（一）

（a）50132隔离开关支柱闪络放电痕迹（下节）；（b）50132隔离开关均压环放电击穿；

（c）503串阻波器支柱放电痕迹（下节）；（d）503串阻波器支柱放电痕迹（上节）

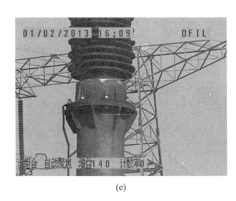
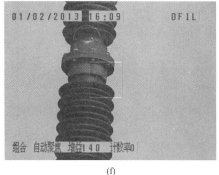

(e)　　　　　　　　　　　　　　(f)

图 5-1　变电站故障放电点（二）

（e）5043DK 隔离开关支柱放电痕迹（下节）；（f）5043DK 隔离开关支柱放电痕迹（上节）

　　调查发现，与该变电站投运时期相比，近年来该区域重污染企业明显增多。目前该变电站附近仅石化企业就有两家，属高耗能和高污染源地区，空气中含有大量硫化物，污染十分严重。其中最近的厂家距离变电站仅 2km，观测风向可见，石化厂排出物直接吹向变电站区域，见图 5-2。

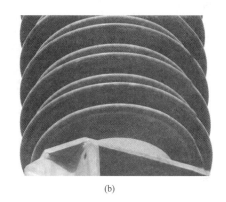

（a）　　　　　　　　　　　　　　（b）

图 5-2　变电站附近环境及积污状况

（a）紧邻石化厂的开关站；（b）50132 隔离开关支柱积污状况（下节）

　　（2）线路污闪跳闸故障现场检测。故障测距显示，当日该 500kV 线故障跳闸点保护测距距变电站分别为 12.5～17.3km。现场巡视发现故障区段为 037～051 号杆塔，故障区段长度为 5.897km。故障区段途经某县 3 个城镇，沿途地形为麦田平地、地势平坦，通道开阔良好、无厂矿等污染源。经登塔巡视发现该线路绝缘子表面积污严重，存在闪络的电弧灼烧痕迹。因此，初步认定为污闪故障，故障点分别位于 037、038、041、044、050、051 号杆塔，具体情况如下：

　　1）037 号杆塔故障点见图 5-3。

　　2）038 号杆塔故障点见图 5-4。

　　3）041 号杆塔故障点见图 5-5。

　　4）044 号杆塔故障点见图 5-6。

　　5）050 号杆塔故障点见图 5-7。

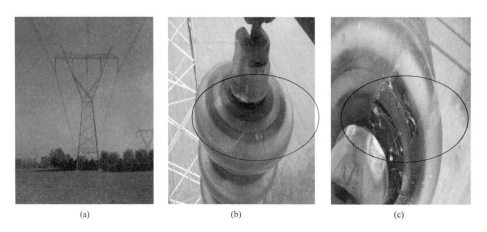

图 5-3 037 号杆塔故障点

（a）037 号杆塔全景；（b）B 相绝缘子电弧烧伤痕迹；（c）C 相绝缘子电弧烧伤痕迹

图 5-4 038 号杆塔故障点

（a）038 号杆塔全景；（b）B 相钢帽表面放电痕迹；（c）B 相绝缘子电弧烧伤痕迹

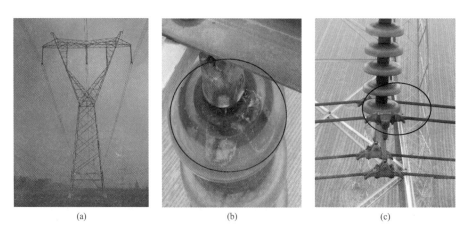

图 5-5 041 号杆塔故障点

（a）041 号杆塔全景；（b）B 相绝缘子电弧烧伤痕迹；（c）B 相导线表面放电痕迹

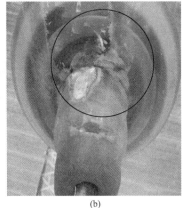

(a) (b)

图 5-6 Ⅰ线 044 号杆塔故障点

(a) 044 号杆塔全景；(b) C 相绝缘子表面电弧烧伤痕

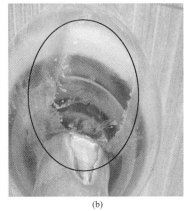

(a) (b)

图 5-7 Ⅰ线 050 号杆塔故障点

(a) 050 号杆塔全景；(b) C 相绝缘子电弧烧伤痕迹

6）051 号杆塔故障点见图 5-8。其中 C 相靠近导线侧第一片玻璃绝缘子被电弧灼烧后自爆。

据故障点地区气象台在故障时段观测的气象数据，1 月 31 日故障区段天气情况为大雾天气，能见度不足 50m、东北风 3～4 级、气温 5～10℃，相对湿度为 95%，PM2.5 值为 472，属于严重污染。气象台连续发布了大雾红色预警和霾黄色预警。根据巡线人员现场观察，故障现场能见度约 10m。

变电站跳闸故障原因分析为确定变电站内现场污秽水平，专业人员选取了站内 500kV Ⅰ段母线门型架上空挂绝缘子的第 2 片和第 6 片进行饱和盐密测量。该串绝缘子积污时间约为 5 年，符合标准要求。测试结果第 2 片绝缘子盐密为 0.143mg/cm^2，第 6 片绝缘子盐密为 0.177mg/cm^2，空挂与带电绝缘子之间带电系数取 1.1，则绝缘子饱和

图 5-8　Ⅰ线 051 号杆塔故障点

(a) 051 号杆塔全景；(b) B 相导线放电痕迹；(c) B 相绝缘子电弧烧伤痕迹

(d) C 相导线放电痕迹；(e) C 相导线侧第一片绝缘子破损

盐密分别为 0.157mg/cm² 和 0.195mg/cm²，灰密值分别为 0.419mg/cm² 和 0.447mg/cm²；按照污区分布图污秽等级划分，属于 d2 级重污秽地区；以标称电压计，线路外绝缘应按爬电比距不低于 30mm/kV 配置；对变电站户外设备，28mm/kV 以上的则按 28mm/kV 配置。目前变电站内一次设备外绝缘按照 GB/T 16434 标准Ⅲ级污秽水平设计，爬电比距不低于 25mm/kV。

变电站空挂绝缘子饱和盐密、灰密测量结果见表 5-1。

表 5-1　　　　　　　　变电站空挂绝缘子饱和盐密、灰密测量结果

空挂绝缘子信息			
型号	串数	积污时间	片数
XWP2-160	1	5	8
试件号	上表面（mg/cm²）	下表面（mg/cm²）	全面积（mg/cm²）	灰密（mg/cm²）
2	0.026	0.231	0.145	0.381
6	0.030	0.292	0.177	0.406

现场空挂绝缘子表面积污情况见图 5-9。

根据现场饱和盐密测量结果和电网故障地区污区分布，该变电站所在污区等级为 d2 级，外绝缘配置应不低于 28mm/kV；而目前该站配置为 25mm/kV，因此外绝缘配置偏低是发生此次故障的主要原因之一。由于开关站被多家本地石化工业污染源包围，加之冬季少雨，空气中的粉尘、悬浮物、硫化物和其他氮氧化物等物质浓度升高，会形成快速积污期，在一次设备表面大量

图 5-9　现场空挂绝缘子表面积污情况

沉积。当外界出现持续高湿度和重雾霾天气时，开关站内瓷绝缘子外绝缘表面受潮形成高导电层，出现爬电甚至拉弧，使支柱绝缘子沿面击穿，引发此次污闪故障。

（3）线路跳闸故障原因分析。

1）故障杆塔外绝缘配置不足。本次 500kV 线路闪络故障的 6 基杆塔均为 ZT1 型单回路酒杯型直线塔，呼称高为 33～39m，外绝缘采用 25 片 LXHY3-160＋3 片 FC16P/155 型玻璃绝缘子，单串 I 型布置，每串 28 片，相关参数见表 5-2。

表 5-2　　　　　　　　　　LXHY3-160 型/FC16P/155 型绝缘子参数

结构高度	160mm	单片爬电距离	450mm
盘径	280mm	几何爬电比距	25.2mm/kV
每联片数	25 片	机电破坏负荷	160kN
上表面面积	993cm²/895cm²	下表面面积	1806cm²/1794cm²

根据电网故障地区污区分布图，线路沿线污区等级确定为 d1 或 d2 级（见图 5-10），对应外绝缘配置不低于 28mm/kV 或 30mm/kV。经核算，LXHY3-160 和 FC16P/155 钟罩型玻璃绝缘子的几何爬电比距为 25.2mm/kV。按照电网故障地区污区分布图执行规定，d 级及以上污区（>2.5cm/kV）钟罩型、深菱形绝缘子的爬电距离有效系数 K 取 0.8，故其有效爬电比距为 20.2mm/kV。因此，可以判定故障杆塔外绝缘配置低于当前污区等级要求。根据生产管理系统设备台账，500kV I 线 26～47 号、49～53 号、56～67 号、69～77 号、80～141 号等杆塔（耐张串除外）的外绝缘配置均 25 片 LX-HY3-160＋3 片 FC16P/155 型绝缘子，近年来该线路周边环境正在迅速恶化，因此确实存在污闪风险。

2）天气和周边污染物影响。根据中国天气网统计信息，2014 年 1 月发生故障地区省份降水量明显偏少，全部地区较平均年份偏少 70% 以上，属严重干旱天气。线路距上次清扫时间已超过 14 个月，钟罩式绝缘子积污再次加重，从而形成了污闪的充分条件。自 1 月 30 日起，我国东部地区再次出现大面积雾霾天气，故障地区出现能见度小于 50m 的持续浓雾（见图 5-11）。1 月 31 日是当年的农历春节，节日期间燃放的鞭炮和烟花加剧空气污染程度，环境监测公开数据显示该地区为空气严重污染。由于故障杆塔

周边空气中存在的大量烟尘、二氧化硫、氮氧化物等污染成分，与大雾结合形成酸雾等导电物质，附着在绝缘子表面，加速了绝缘子积污程度，引起线路外绝缘表面持续爬电，最终造成多处绝缘子污闪。

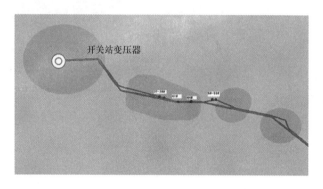

图 5-10　线路污闪故障点在污区图中的位置

图 5-11　线路污闪故障现场天气情况

三、预防措施

（1）加强重污区输变电设备巡视和防污闪专项排查，对不满足配置要求的及时采取临时补强措施，如采取喷涂 RTV 涂料，使支柱绝缘子表面具有较高的憎水性，提高外绝缘污区耐受电压。

（2）加强污秽在线监测。在站内各间隔和母线构架绝缘子上安装污秽在线监测装置，接入电网污秽预警系统，实时监控站内污秽程度，在积污达到警戒值时提前安排停电清扫，防止污秽闪络发生。

（3）依照新版污区图中设备所处污区等级变化，及时调爬到位，最大限度发现并消除污闪隐患，杜绝恶性污闪事故的发生，保障电网安全稳定运行。

第三节　案例二：长棒型瓷绝缘子污闪事故

一、故障描述

2010 年 12 月 12 日 20 时，某 500kV 线路两套主保护动作，B 相接地故障，重合成功。经过巡视发现 100 号塔 B 相绝缘子有放电痕迹，绝缘子未损坏；该长棒型瓷绝缘子型号采用 3 节 LP75/18＋17/1435 串联，总爬距为 14001mm，绝缘配置为 2.8cm/kV，运行线路靠近海边。

二、故障诊断

（1）现场检测。从现场登塔拍摄的图片（图 5-12）可以看出，雨天过后，绝缘子迎风面的大部分表面污秽被冲洗掉，剩余污秽在工频电弧的高温作用下结痂在绝缘子表面，从闪络过后的绝缘子表面可以看出在降雨之前，绝缘子表面污秽较重。

图 5-12　现场瓷绝缘子积污情况

气象资料显示，12 月 12 日之前污闪故障地区已经连续 102 天未下雨，21 日晚 21 时左右该地区突下小雨，雨量为 0.8mm，东到东南风 4～5 级，气温 8℃，空气相对湿度 80%～85%。

根据线路跳闸时气象条件、绝缘子污秽状况等，推定此次线路跳闸故障为绝缘子污闪事故。

（2）污闪跳闸原因分析。该 500kV 线路从电厂送出，共分为 Ⅰ、Ⅱ、Ⅲ 回线路，为确保该线路不发生同时跳闸，外绝缘子采用差异化配置，线路绝缘子依次分别采用复合绝缘子、长棒型瓷绝缘子、三伞型瓷绝缘子。复合绝缘子电气及机械性能较好、质量轻，已在输电线路中广泛应用；三伞型瓷绝缘子爬距大、污闪电压高、费用高，主要应用在 d 级以上强污秽区；长棒型瓷绝缘子自洁性好、少维护，已在 30 多个国家和地区有 30 年以上良好运行记录。

从积污特性来看，复合绝缘子具有优异的憎水性和憎水迁移性，硅橡胶表面污秽易被雨水清洗，长棒型瓷绝缘子上表面平滑，伞下无棱，伞表面倾角大，相比瓷绝缘子具有较好的自洁性能，但不如复合绝缘子强。由于该地区附近污染源较多，且邻近海洋盐分足，已连续 102 天未下雨，长棒型绝缘子积污比复合绝缘子积污严重，比三伞型瓷绝缘子清洁，但三伞型瓷绝缘子爬距大得多。

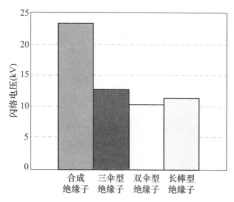

图 5-13　不同类型绝缘子污闪电压

从电气性能来看，清华大学和中国电科院武汉分院的试验结果（图 5-13）表明，相同高度的绝缘子污闪电压，复合绝缘子最高，其后分别为三伞型、长棒型和双伞型绝缘子。因此，相比复合绝缘子和三伞型绝缘子而言，长棒型瓷绝缘子更易发生污闪。

从气象条件来看，绝缘子在相对湿度大，如浓雾、露、小雨等情况下易发生污闪。2010 年 12 月 12 日 20 时，该地区突下小雨，雨量为 0.8mm，气温 8℃，空气相对湿度 80%～85%，气象特征符合绝缘子闪络条件。

由此可知，在污秽较重、相对湿度大的条件下，长棒型瓷绝缘子更易发生闪络。从气象、污秽、污耐受电压等因素考虑，可以判断该线路跳闸主要为绝缘子污闪造成，主要原因是地区长时间未降雨，绝缘子积污较重，且突下小雨，空气相对湿度大，达到长棒型绝缘子的污闪条件。

三、预防措施

（1）加强对秋、冬季空挂绝缘子的盐密测量，必要时对线路进行带电清扫或涂覆 PRTV 防污涂料来提高绝缘子防污闪性能，以避免雾、露、毛毛雨天气造成绝缘子污秽闪络。

（2）针对长棒型瓷绝缘子在重污秽地区运行线路，应加强气象监测及污秽在线监测预警，结合气象参数、泄漏电流、脉冲放电数等数据进行分析评估，建立线路污秽预警。

第四节　案例三：沿海重污秽地区线路污闪事故

一、故障描述

某年 3 月 15 日 6 时 33 分至 7 时 15 分，天气为大雾，220kV 某 2E21、2E22 线和 220kV 某 2E18 线相继 6 次发生单相故障，重合成功，保护正确动作。

3 月 15 日 7 时 10 分，检修人员根据故障测距对该 220kV 变电站出口段进行重点巡视和登塔检查，发现 220kV 某 2E21、2E22 线 5 号塔 A、B 相绝缘子及挂点、导线有放电痕迹，220kV 某 2E18 线 55 号塔 A、B 相绝缘子及挂点、导线有放电痕迹，确认故障点，如图 5-14～图 5-16 所示。

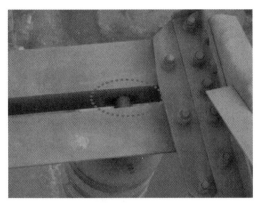

图 5-14　220kV 某 2E22 线 5 号塔 A 故障点

图 5-15　220kV 某 2E21 线 5 号塔 A 故障点

二、故障诊断

（1）现场环境巡视。专业人员赴现场故障点进行调查分析，发现故障线路杆塔周围有德隆镍业等大型有色金属企业存在，线路通道两侧均有大批水田，且线路位于镍厂烟囱下风处，大量浓烟吹向线路杆塔，空气中充满异常气味，如图 5-17 所示。

（2）紫外放电检测。通过紫外放电检测发现，220kV 某 2E21 线 1～5 号杆塔、

图 5-16　220kV 某 2E18 线 55 号塔 A 故障点

某 2E18 线 55-59 号杆塔均存在明显放电现象，多串绝缘子存在多点爬电现象；其中，220kV 某 2E21 线 5 号杆塔上、中相均存在间歇性大面积的贯穿性爬电现象，可听放电声音较大，如图 5-18 所示。

（a）

图 5-17　220kV 故障线路通道环境（一）

（a）线路通道周围水田

(b)

图 5-17　220kV 故障线路通道环境（二）

（b）线路通道周围化工厂

紫外测量时间为 16 时 31 分，空气湿度为 78％，湿度逐渐增大，放电愈加剧烈，湿度表面放电与空气湿度有较大关系。

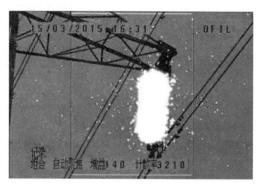

图 5-18　220kV 某 2E21 线 5 号杆塔紫外检测情况

（3）盐密、灰密测量。

对 220kV 某 2E18 线 59 号杆塔空挂绝缘子及邻近直线塔 I 串运行绝缘子串开展盐密、灰密测量工作。

由表 5-3 可知，220kV 某 2E18 线 59 号杆附近现场污秽盐密值为 0.138mg/cm²，灰密值为 0.788mg/cm²。

表 5-3　　220kV 某 2E18 线 59 号杆塔空挂串（XWP2-70）盐密、灰密测量结果

串类型	编号	绝缘子型号	盐密（mg/cm²）	灰密（mg/cm²）
59 号杆塔空挂串	2	XWP1-70	0.089	0.302
	3		0.085	0.314
	4		0.078	0.302
	5		0.081	0.289
	6		0.084	0.340

串类型	编号	绝缘子型号	盐密（mg/cm²）	灰密（mg/cm²）
运行绝缘子串 I	2	U120BP/146D	0.096	0.623
	3		0.093	0.446
	4		0.063	0.417
	5		0.113	0.650
	6		0.101	0.591
	7		0.138	0.788
	8		0.072	0.320
	9		0.064	0.321
	10		0.075	0.531
	11		0.095	0.644
	12		0.086	0.519
	13		0.083	0.635
	14		0.060	0.495
	15		0.077	0.609
	16		0.073	0.535
运行绝缘子串 II	2	U120BP/146D	0.129	0.619
	3		0.103	0.564
	4		0.089	0.416
	5		0.077	0.442
	6		0.102	0.540
	7		0.070	0.357
	8		0.054	0.240
	9		0.059	0.268
	10		0.081	0.473
	11		0.065	0.377
	12		0.084	0.493
	13		0.081	0.489
	14		0.082	0.461
	15		0.138	0.713
	16		0.094	0.373

注 1. 空挂绝缘子从下至上依次编号为 1～7 号，运行绝缘子串从高压端到低压端依次编号为 1～17 号；

    2. 空挂双伞型绝缘子盐密、灰密数值为折算后数据，折算所用带电系数 K_1 值取为 1.3。

（4）污闪试验分析。分别取某 2E21 线 5 号杆塔 A、B 相整串绝缘子在实验室开展自然污秽下闪络试验，结果如表 5-4 所示。

表 5-4　　　某 2E21 线 5 号杆塔 A、B 相整串绝缘子自然污秽下闪络试验

线路名称	杆塔编号	相序	相对湿度（%）	闪络电压（kV）
某 2E21	5	A	92	303
		B	93	310

注 鉴于自然污秽在每次闪络试验过程中有大量流失，因此每相闪络试验仅进行一次。

试验发现，故障串在实验室模拟清洁雾情况下闪络电压为 303～310kV。

（5）污秽成分分析。对 220kV 某 2E18 线 59 号杆塔空挂绝缘子串污秽开展成分分析工作，所得能谱区域分布、典型能谱图以及不同分析区域原子百分数分别如图 5-19、图 5-20 和表 5-5 所示。

图 5-19 能谱区域分布

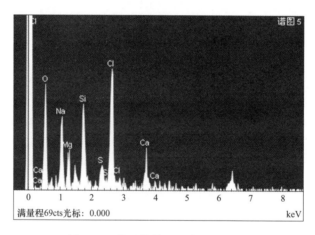

图 5-20 典型能谱图（谱图 1 位置）

表 5-5 不同分析区域原子百分数 （%）

谱图	O	Na	Mg	Si	S	Cl	Ca	Fe
1	49.69	10.20	5.54	9.64	2.94	18.08	3.90	—
2	44.97	—	—	11.30	5.79	7.09	8.52	22.35
3	49.47	—	10.08	16.44	—	4.30	5.60	14.11
4	—	—	—	17.41	—	—	—	82.59
5	71.22	—	—	28.78	—	—	—	—

从分析结果看，包含的元素主要有 Si、Ca、Na、Mg、Fe、S、Cl、O，其中 Na、Mg、Ca、Si、O 应主要来自沙尘，S、Cl 应来自于酸雨或周边大气，Fe 可能来自周边

工业粉尘。

三、预防措施

（1）加强对秋、冬季空挂绝缘子的盐密测量，必要时对线路进行带电清扫或涂覆PRTV防污涂料来提高绝缘子防污闪性能，以避免雾、露、毛毛雨天气造成绝缘子污秽闪络。

（2）此次故障反映出当前线路巡视方式较少，仅依靠人工巡视难以评估放电严重性，建议加强紫外检测装备配置，在大雾、毛毛雨天气下开展紫外检测，及时掌握线路表面放电情况。重点加强中、重污染源附近运行的双伞型瓷绝缘子、长棒型瓷绝缘子排查力度，在大雾、毛毛雨等高湿天气下开展特殊巡视，有条件可利用紫外检测仪器进行检测。

（3）继续加强气象监测及污秽在线监测预警，结合气象参数、泄漏电流、脉冲放电数等数据进行分析评估，实现高精度的线路污秽预警。

第六章

绝缘子防污闪新技术

第一节 概　　述

20 世纪 50 年代初，东部沿海地区和工业发达地区 10、35、66kV 电压等级电网先后出现污闪事故。到了 60 年代，上海、青岛等地 110、220kV 系统污闪开始出现并逐渐增多。在这段时间中，人们对污闪的规律有了一定的认识，并采取了一些防污闪措施，比如清扫、冲洗、应用耐污型绝缘子、使用防污涂料等。

20 世纪 70 年代，污闪事故波及全国大部分省区电网，我国防污闪工作进入新的阶段。在 70 年代末及 80 年代初，500kV 电压等级出现后，耐污型及大爬距绝缘子相继问世，其中双伞形等耐污型绝缘子使污秽地区线路耐污能力得到了提高。自进入 20 世纪 90 年代以来，我国防污工作取得了很大的进步，制定了一系列防污闪技术政策和管理规定，有关防污闪科研课题取得了很大的进展。

随着新材料的不断进步，复合绝缘子因其具有质量轻、强度高、耐污闪能力强、制造维护方便等优点，近年来得到了广泛应用。截至 2007 年底，复合绝缘子在我国电网运行已达 200 多万支，截止到 2012 年，复合绝缘子在电网运行已超过 6000 万支，发展非常迅猛，目前在特高压交、直流工程上也得到大量使用。近年来国网公司也在逐步推进全复合化变电站建设，进一步地推动了复合材料在电网的应用。

但是，在电网的防污闪工作方面，各地对污秽区等级的划分、防污闪措施的应用、新措施的研究与推广、防污闪工作的技术管理等方面还有大量的工作需要进行研究。

第二节 绝缘子防污闪涂料

一、RTV 防污闪原理

RTV 又称常温硫化硅橡胶，是一种有机硅的防污闪涂料。RTV 涂料的憎水性和憎水迁移性正好弥补了这一缺陷，当绝缘子表面的污秽遇到雾、露、细雨等天气，绝缘子表面不会形成一片片水膜，而是形成一粒粒水珠，防止绝缘子表面的电导增大、泄漏电流增大等现象发生，避免电压闪络及污闪事故。因此，憎水性和憎水迁移性成为 RTV

涂料具有抗污闪能力的主要原因。

二、RTV 抽样检测试验

1. 抽样试验项目

为保障 RTV 能切实发挥防污闪涂料功能实效，提高设备防污闪能力，保障电网安全可靠运行。对 RTV 进行抽样检测试验，以检验其电气性能、机械性能和材料性能是否达到标准要求。

RTV 的抽样检测项目主要包括：外观检查；表干时间试验；憎水性、憎水迁移性、憎水丧失性、憎水恢复性；介电强度试验；附着力试验；可燃性试验；自洁性试验。

（1）外观检查。对被测样直观的进行观察，被测试品应为色泽均匀的黏稠性液体，无明显的机械杂质和絮状物，且固化后的涂层比较平整、光滑、无气泡。

（2）表干时间试验。RTV 涂料由液态涂膜变为固态涂层的过程，称为固化或者硫化，具体可分为表干时间和实际干燥时间两个阶段。表干时间试验中规定，RTV 涂料表面干燥时间应为 25～45min。将 RTV 样均匀的平铺，在规定时间内，用玻璃棒轻轻触碰 RTV 样表面，若无拉丝现象即为合格。

（3）介电强度试验。将 RTV 涂料制作成 5 个厚度约为 1.0mm±0.2mm 的试样（制样需实干 72h），先用测厚仪测量试样的厚度 h，然后把试样置于平板电极之间，施加工频电压直至击穿，记录击穿电压 U，最后计算每个试样的介电强度值。试样介电强度应满足不小于 18kV/mm 的要求。

（4）附着力试验。

1）剪切强度测试法。将 RTV 涂料均匀地涂覆在两片清洁干燥的玻璃板上，把两片玻璃片涂有 RTV 样拧合在一起，尽量去除结合处的气泡，待结合处完全干燥后，用拉力机将两片玻璃片拉离，记下使两片玻璃片分离所需要的拉力值，然后计算出剪切强度。这即为剪切强度测试法，当试样剪切强度满足≥3MPa，即视为合格。

2）划圈法。将涂有 RTV 涂料的玻璃板正放在 QFZ 型漆膜附着力试验仪试验台上，拧紧固定样板调整螺栓，向后移动升降棒，使转针的尖端接触到涂料。按顺时针方向，均匀摇动摇柄，转速以 80～100r/min 为宜，圆滚线划痕标准图长为 7.5cm±0.5cm。取出玻璃板，用漆刷除去划痕上的涂料碎屑，以四倍放大镜检查划痕并评级。根据圆滚线的划痕范围内涂膜完整程度分为七级评定，以级表示。

（5）憎水性试验。憎水性试验主要分为憎水性试验、憎水丧失性试验、憎水恢复性试验，憎水迁移性试验。

1）憎水性试验。待试样实干经 72h 后，将试样放置于接触角测试仪上，滴下水滴，测量水滴与试样之间的接触角度，即为接触角测试法。接触角应满足静态憎水角 $\theta_{av} \geqslant 100°$、$\theta_{min} \geqslant 90°$。

2）憎水丧失性试验。将完成憎水性试验的试样，完全浸泡在水中浸泡 96h。然后将试样取出，用吸水纸吸干表面水分，在 10min 时间内用喷水法检测试样的表面憎水性，静态憎水角 $\theta_{av} \geqslant 90°$、$\theta_{min} \geqslant 85°$。

3）憎水恢复性试验。完成憎水性的丧失特性测量后，从水中取出试品，测量憎水性恢复至原来分级水平的时间，憎水性恢复时间应小于 24h，憎水角 $\theta_{av} \geqslant 100°$、$\theta_{min} \geqslant 90°$。

4）憎水迁移性试验。取 3 片试样（制样 72h）按照盐密和灰密分别为 0.1mg/cm²，0.5mg/cm² 进行涂污，迁移 96h 后，检测试样的表面憎水性，静态憎水角 $\theta_{av} \geqslant 110°$、$\theta_{min} \geqslant 100°$。

（6）可燃性试验。可燃性试验结果主要反映 RTV 涂料耐电弧烧蚀能力及阻燃性能，试验中要求对每个 RTV 抽检试品制作 5 个厚度约为 3.0mm±0.2mm、长约为 125mm±5mm、宽为 13mm±0.5mm 的试样；待试样实干 72h 后，对其底部施加两次火焰，每次垂直点燃 10s，分别记录两次点燃后的有焰燃烧时间和无焰燃烧时间。

（7）自洁性试验。按标准规定制成试样，实验室常采用自洁系数测试法来进行自洁性测试，具体方法为，在制样 96h 后，将试样水平放置于试验台上（10cm 长的边置于水平方向，8cm 长的边置于竖直方向），在距试样上边缘 0.5cm 处放置一阻隔条，阻隔条与涂层表面紧密接触；称取玻璃微珠 0.3g，小心倾倒于试样表面阻隔条的上方，铺成长 5cm、宽 0.5cm 的小玻璃珠层；将试样连同阻隔条及玻璃微珠由水平转至倾斜 45°角的位置，此时阻隔条应能有效确保玻璃微珠停留在原位置而不沿涂层斜面滚落；迅速把阻隔条拿离涂层表面，玻璃微珠沿试样涂层的斜面滑落；取下试样，将从试样表面滑落至下方的收集器中的玻璃微珠收集称重 m（单位：g）；计算出自洁系数。自洁性应满足不小于 2 级即自洁系数大于等于 70% 即为合格。

2. 抽样结果统计分析

以某省近两年的入网检测结果为例，选取 88 个不同厂家、不同批次的样品检测结果进行统计分析，如表 6-1 所示。

表 6-1 　　　　　　　　　　　　某年度 RTV 入网检测结果

序号	外观检查	表干时间（min）	介电强度试验（kV/mm）	附着力试验（级）	可燃性试验（级）	自洁性试验
1	合格	94	21.32	1	FV-2	合格
2	合格	30	23.43	1	FV-0	合格
3	合格	27	23.73	1	FV-0	合格
4	合格	26	23.22	1	FV-0	合格
5	合格	30	22.95	1	FV-0	合格
6	合格	28	21.3	1	FV-0	合格
7	合格	39	22.28	1	FV-0	合格
8	合格	38	22.16	1	FV-0	合格
9	合格	39	22.23	1	FV-0	合格
10	合格	36	22.28	1	FV-0	合格
11	合格	28	20.82	1	FV-0	合格
12	合格	37	22.11	1	FV-0	合格
13	合格	39	21.17	1	FV-0	合格
14	合格	42	19.02	1	FV-2	合格

序号	外观检查	表干时间（min）	介电强度试验（kV/mm）	附着力试验（级）	可燃性试验（级）	自洁性试验
15	合格	29	22.67	1	FV-0	合格
16	合格	38	22.11	1	FV-2	合格
17	合格	37	18.90	5	FV-0	合格
18	合格	43	24.40	1	FV-2	合格
19	合格	40	22.42	1	FV-2	合格
20	合格	29	22.72	1	FV-2	合格
21	合格	40	22.73	2	FV-2	合格
22	合格	43	20.43	1	FV-2	合格
23	合格	25	21.87	1	FV-2	合格
24	合格	40	23.5	1	FV-2	合格
25	合格	38	24.13	1	FV-2	合格
26	合格	39	22.87	2	FV-0	合格
27	合格	32	21.37	1	FV-0	合格
28	合格	30	21.33	1	FV-0	合格
29	合格	38	20.04	1	FV-2	合格
30	合格	41	19.59	1	FV-2	合格
31	合格	38	26.65	1	FV-2	合格
32	合格	41	26.05	1	FV-2	合格
33	合格	30	23.08	1	FV-0	合格
34	合格	30	21.47	1	FV-0	合格
35	合格	40	20.38	1	FV-2	合格
36	合格	30	19.28	2	FV-0	合格
37	合格	40	21.57	1	FV-2	合格
38	合格	40	21.16	1	FV-1	合格
39	合格	40	21.12	2	FV-1	合格
40	合格	30	21.98	1	FV-0	合格
41	合格	30	19.03	1	FV-0	合格
42	合格	30	20.27	1	FV-1	合格
43	合格	27	22.89	1	FV-0	合格
44	合格	25	20.70	1	FV-0	合格
45	合格	42	18.45	3	FV-0	合格
46	合格	42	19.87	1	FV-0	合格
47	合格	28	26.42	1	FV-0	合格
48	合格	42	26.67	1	FV-0	合格
49	合格	28	25.53	1	FV-1	合格
50	合格	41	24.01	1	FV-1	合格
51	合格	28	26.45	1	FV-0	合格
52	合格	28	23.14	1	FV-1	合格
53	不合格	30	20.3	1	FV-1	合格
54	合格	42	20.4	1	FV-1	合格
55	合格	28	20.92	1	FV-1	合格

序号	外观检查	表干时间（min）	介电强度试验（kV/mm）	附着力试验（级）	可燃性试验（级）	自洁性试验
56	合格	41	21.18	1	FV-0	合格
57	合格	30	20.63	3	FV-2	合格
58	合格	35	21.16	1	FV-1	合格
59	合格	37	21.66	1	FV-0	合格
60	合格	32	24.14	1	FV-0	合格
61	合格	33	22.38	1	FV-0	合格
62	合格	30	23.36	1	FV-0	合格
63	合格	32	22.13	1	FV-1	合格
64	合格	41	23.16	1	FV-1	合格
65	合格	28	21.92	1	FV-1	合格
66	合格	28	24.43	1	FV-0	合格
67	合格	33	23	2	FV-2	合格
68	合格	28	25.08	1	FV-0	合格
69	合格	30	23.06	1	FV-0	合格
70	合格	33	19.8	1	FV-1	合格
71	合格	41	20.84	1	FV-1	合格
72	合格	26	22.88	3	FV-2	合格
73	合格	30	22.82	1	FV-1	合格
74	合格	35	19.49	2	FV-1	合格
75	合格	35	18.5	1	FV-2	合格
76	合格	41	19.5	1	FV-1	合格
77	合格	28	25.68	1	FV-1	合格
78	合格	32	22.4	1	FV-1	合格
79	合格	28	22.3	2	FV-1	合格
80	合格	32	23.18	1	FV-0	合格
81	合格	29	23.9	1	FV-2	合格
82	合格	30	22.2	1	FV-2	合格
83	合格	27	24.18	1	FV-2	合格
84	合格	36	24.94	1	FV-2	合格
85	合格	33	23.78	1	FV-2	合格
86	合格	27	23.23	1	FV-0	合格
87	合格	31	21.65	1	FV-1	合格
88	合格	32	22.25	1	FV-1	合格

表干时间值分布范围如图 6-1 所示。

从图 6-1 可以看出，88 个试品的表干时间大都分布在 20～40min 之间，符合标准要求。

介电强度值分布范围如图 6-2 所示。

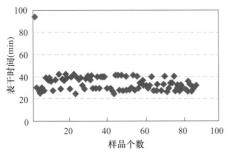

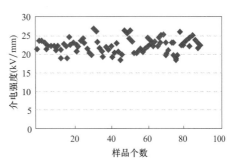

图 6-1　表干时间值分布范围　　　　图 6-2　介电强度值分布范围

从图 6-2 可看出，88 个试品的介电强度值大都分布在 20～40kV/mm 之间，符合标准要求。

附着力及可燃性试验统计结果分别如图 6-3 和图 6-4 所示。

从图 6-3 可以看出，88 个试品的附着力试验结果为 78 个样为 1 级，6 个样为 2 级，3 个样为 3 级，1 个样为 5 级。

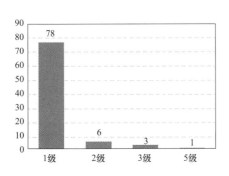

图 6-3　附着力试验统计结果　　　　图 6-4　可燃性试验统计结果

从图 6-4 可以看出，88 个试品的可燃性试验结果为：39 个样为 FV-0 级，23 个样为 FV-1 级，26 个样为 FV-2 级。

3. 常见缺陷分析

（1）可燃性试验。可燃性试验结果主要反映 RTV 涂料耐电弧烧蚀能力及阻燃性能。

根据 DL/T 627《绝缘子用常温固化硅橡胶防污闪涂料》标准中要求，可燃性合格标准为 FV-0 级。对可燃性不合格样品进一步分析发现，其燃烧现象主要体现为施加火焰后试样有焰燃烧蔓延至夹具，试样滴落物引燃下部脱脂棉，具体如图 6-5 所示。

在脏污地区及恶劣气象条件下，RTV 涂料可能会产生干带放电现象，此时涂料的耐电弧烧蚀能力及阻燃性能会影响其使用效果。因此，对 RTV 涂料的耐电弧烧蚀能力及阻燃性能的提高应在提高其强度的前提下进行。

（2）附着力试验。附着力是指 RTV 涂层对底材表面物理和化学作用的结合力的综合表征。涂刷时涂料对底材的润湿性和底材表面的粗糙程度也影响其附着力。实验室内综合采用划圈法和剪切强度法两种方法进行判定。如图 6-6（a）所示，检测到的附着力

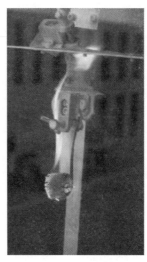

图 6-5　可燃性不合格试样燃烧现象

不合格试样在划圈后中间涂层部分基本剥落；而图 6-6（b）所示附着力合格试样划圈后中间涂层部分保存良好，其面积较小部位亦有良好留存。

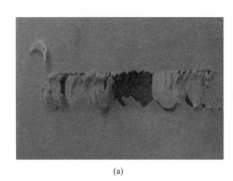

(a)　　　　　　　　　　　　　　　(b)

图 6-6　附着力试验
(a) 不合格；(b) 合格

（3）表干时间试验。RTV 涂料由液态涂膜变为固态涂层的过程，称为固化或者硫化，具体可分为表干时间和实际干燥时间两个阶段。表干时间试验中规定，在温度 25℃±2℃，相对湿度 40%～70% 条件下，RTV 涂料表面干燥时间应为 25～45min。对 3 个表干时间不合格试样分析发现，其表面干燥时间分别为 94、94、130min，远大于规定的 45min。如图 6-7（a）所示，表干时间不合格项在 45min 时，用玻璃棒轻触涂料表面后取开玻璃棒，RTV 涂层会出现拉丝现象；而图 6-7（b）所示表干时间合格项，RTV 涂层不会出现拉丝现象。

根据我国绝缘子专家工作组建议，在特殊运行环境下，表干时间由用户和防污闪涂料制造企业双方协商。具体可分为：现场运行高温高湿环境，表干时间不超过 0.5h，一般运行情况不超过 1h，低温低湿情况不超过 2h。

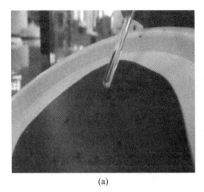 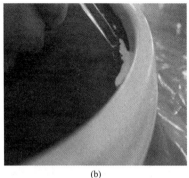

(a)   (b)

图 6-7 表干时间试验结果

（a）不合格；（b）合格

三、RTV 自动喷涂装备

针对 RTV 现场喷涂质量分散性大、对周围环境污染大的技术难题，国网江苏电科院提出了一种基于自动控制和流体力学理论的 RTV 喷涂质量控制技术，并研制出适用于变电站内悬式和支柱绝缘子的 RTV 现场工厂化自动喷涂装备。

图 6-8 为 RTV 现场工厂化自动喷涂装备整机示意图，图 6-9 为 RTV 自动喷涂设备整机图，包括自动平衡机构、多节升降机构、喷涂执行机构、控制系统和其他附件等。

对比自动喷涂与人工喷涂的区别，具体如表 6-2 所示。可以发现，自动喷涂除可提高喷涂效率 50% 左右外，在喷涂质量、作业安全性、环境影响方面亦具有明显优势。

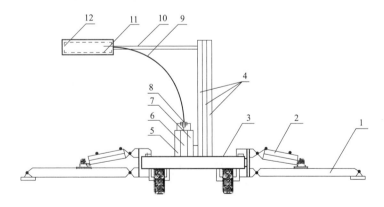

图 6-8 RTV 自动喷涂装备整机示意图

1—支撑机构；2—液压缸；3—底盘框架；4—升降单元；5—压缩气体储存罐；

6—防污闪涂料储存罐；7—纯净水储存罐；8—多通电磁阀；9—多通途传输管；

10—横杆；11—多用途喷枪；12—喷枪辅助运动机构

图 6-9　RTV 自动喷涂设备整机图

表 6-2　　　　　　　　　　　　自动喷涂与人工喷涂的对比

项目	人工喷涂	自动喷涂
喷涂质量	与工人经验有关，无法保证喷涂厚度均匀性	程序自动设定，有效保证喷涂厚度均匀性
喷涂效率	喷涂一个 220kV 支柱绝缘子约 15min	喷涂一个 220kV 支柱绝缘子约 8min
作业安全性	喷涂工人需要登高作业，搭设脚手架或者搭乘升降车，存在安全风险	操作人员在地面设置好参数即可开展喷涂，不存在高处作业风险
对环境影响	喷涂过程中大量涂料飘散，影响变电站及周围环境	设置有防喷雾扩散保护罩，有效减少喷涂污染

四、RTV 竣工验收试验

RTV 喷涂后常年暴露在户外，遭受日晒、雨淋、高温和严寒等恶劣气候条件的侵蚀，受紫外线的照射，以及强电磁场环境的影响；RTV 现场喷涂施工工艺直接影响其后期运行性能。如喷涂施工不规范，会导致产品提前老化、报废、退役，从而影响 RTV 运行性能及使用寿命，造成巨额经济损失。因此，应加大喷涂施工验收技术监督工作。

RTV 施工验收试验包括对站内 RTV 开展喷涂后涂层外观检查、自洁性检测以及厚度检测。涂层外观检查 RTV 喷涂后涂层外观，要求涂层应平整、光滑且无气泡，不堆积、缺损、流淌，避免拉丝现象。图 6-10 是现场喷涂后，RTV 外观情况。

图 6-10　现场 RTV 外观

涂层自洁性检测，采用薄膜法对 RTV 涂层进行自洁性检测，要求当薄膜剥离涂层表面时，涂层与薄膜之间无吸附力。图 6-11 为现场 RTV 自洁性检测。

图 6-11　现场 RTV 自洁性

涂层厚度检测，采用切片法测量 RTV 涂层厚度；采用硅橡胶厚度测试仪测量，要求其测量精度应不小于 0.01mm。每个试样应选取 3 个不同部位进行测量，测量结果取 5 个试样的平均值。一般要求 RTV 涂层厚度不小于 0.3mm（如工程技术规范书要求值大于 0.3mm，则采用技术规范书中值），在工厂采用 RTV-Ⅱ型涂覆绝缘子的涂层厚度为 0.4mm±0.1mm。图 6-12 为现场涂层厚度切片取样。

图 6-12　现场涂层厚度切片取样

第三节　绝缘子污秽度自动化测量

盐密（ESDD）是输电线路绝缘子的外绝缘表面现场污秽度的重要衡量指标之一，电力系统对输电线路绝缘子现场污秽度监测要求越来越高，目的是来预防污闪事故的发生。目前对于盐密的测量，均为人工取样后测量，传统方法需要线路停电、耗费人力且分散性较大。

近年来，随着工业化进程速度的加快，机器人技术发展非常迅速，其在工业中的应用也越来越广泛。绝缘子外绝缘表面污秽物的清洗如能采用机械方式进行，将可有效节省人力，减少测量数据的分散性。

传统灰密（NSDD）测量方法多年来一直为防污闪工作者采用。但由于该方法程序复杂，且在现场不可能具备条件，因此一般只在需要时研究使用，运行单位一般较难对现场灰密进行测量，通常需要取样后到实验室进行测试，其测试的过程复杂，时间较长等缺点。目前国内外尚未有一种机械化的测试设备，可以实现污秽测量的智能化、自动化。

一、传统 ESDD 和 NSDD 测量的污秽收集方法

根据 Q/GDW 1152.1 要求，普通盘形悬式绝缘子蒸馏水用量为 300mL。当面积增加时，建议用水量：≤1500cm² 为 300mL，1500～2000cm² 为 400mL，2000～2500cm² 为 500mL，2500～3000cm² 为 600mL，3000～4000cm² 为 600mL。将符合标准用量的蒸馏水倒入容器中，并将脱脂棉花浸入水中（也可以使用其他工具如刷子或海绵），用于浸入棉花的水的电导率应小于 0.001S/m。

用压挤棉花的方法从绝缘子的表面（但不包括任何金属部件或装配材料表面）擦洗下污秽物。对于盘形悬式绝缘子可以分别测量其上表面和下表面，得到评定用的有用信息，如图 6-13 所示。带有污秽物的棉花应放回到该容器中，通过在水中摆动和挤压棉花使污秽物溶解在水中。重复此擦洗直至不再有污秽物留在绝缘子表面。如果即使擦洗几次后还留有污秽物，应用刮刀除去这些污秽并放进含有污秽物的水中。应注意不丢失任何水分。也就是说，在收集污秽前和收集污秽以后水量不应有太大的变化。

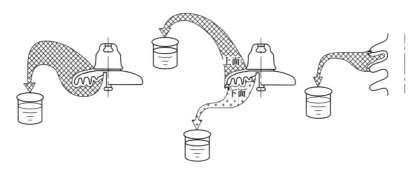

图 6-13　绝缘子的外绝缘表面污秽物的擦拭

二、ESDD 和 NSDD 的测量与计算

（1）ESDD 的计算。用电导率测量仪测量含有污液电导率和温度。测量应在充分搅拌污液以后进行，对于高溶解度的污秽物，搅拌时间要求较短；对于低溶解度的污秽物通常搅拌时间要求较长。

（2）NSDD 计算。应使用漏斗和已干燥并且秤过质量的滤纸（等级 GF/A1.6μm 或类似）过滤测量 ESDD 后的含污秽物，应干燥含有污秽物（残余物）的滤纸，然后秤重，如图 6-14 所示。

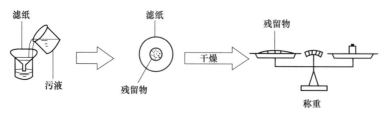

图 6-14　测量 NSDD 的程序

三、基于电动清洗臂的盐密测量装置

通过研制一种基于电动清洗臂的盐密测量装置，实现对瓷绝缘子表面污秽的自动化、智能化测量，该装置集污秽清洗、测量、分析和数据远程传输为一体，可实现空挂绝缘子污秽在线监测，免于今后的空挂绝缘子的取样，避免空挂绝缘子取样时带来的污秽丢失、取样误差大等问题，降低工作强度，节省大量的人力和物力。

（1）电动清洗臂结构设计。瓷绝缘子形状较为复杂、非标准的圆形，且表面不完全平整，对电动清洗臂的开发带来一定的挑战，这就要求电动清洗臂能够具有自适应功能，需要具有多自由度、灵活可调。

如前所述，该清洗臂用于清洗并收集绝缘子的外绝缘表面污秽物。要求各关节运动灵敏、结构简单、清洗臂自身负载小、运动惯量小。由于绝缘子本身可绕自身轴线转动，并能上下移动，故该清洗臂只需四个自由度。关节采用电机驱动，XWP2-160绝缘子结构轮廓图如图6-15（a）所示，清洗臂末端轨迹曲线如图6-15（b）所示。

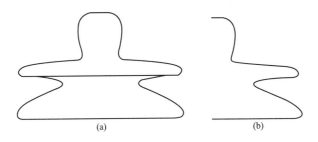

图 6-15　绝缘子外形轮廓图与轨迹曲线

（a）XWP2-160绝缘子轮廓图；（b）机械手末端轨迹曲线

绝缘子电动清洗臂可以安装在多种作业平台上，只需将机械臂的底座与作业平台相连接，便能适用于电力系统绝缘子清污的各种工况条件。其中机械手臂固定在一型材支架上，绝缘子串亦固联在其上，由两个电机驱动其绕自身轴线的旋转与相对机械手的升降运动，该电动清洗臂具有运动自由灵活，本体结构轻小，易于控制等优点。

整个清洗回收部分由机座、横向移动平台，纵向移动平台，大臂，小臂末端执行器（绝缘子清洗头）、软轴以及水缸装置和驱动装置组成。清洗臂共有四个自由度，依次为横向移动平台、纵向移动平台、大臂与小臂俯仰。移动平台均采用滚珠丝杠传动，大臂俯仰与小臂俯仰均采用钢丝绳传动，其驱动电动机置于大臂基座平台，有效地解决了电机自成负载的问题，最前端为清洗头，机械手工作时绝缘子自身在旋转，电动机驱动软轴旋转，机械手只需将清洗头按压在绝缘子表面，并按照图6-15（b）轨迹运行即可，每清洗完绝缘子一个面的1/4，清洗臂将会把清洗头插入测量水杯中，将绝缘子污秽物溶于水中，依次循环。

由于电动机驱动方式具有控制简单，安装维护方便，结构较小，运动精度高，且对环境基本不造成损害等优点，该清洗臂均采用电动机驱动。四个关节包括测量水杯横向

移动电动机全部采用步进电机驱动，清洗臂末端只需进行清洗，属于轻载，但是末端对绝缘子表面也需具有一定压力，清洗才能更彻底，因此考虑清洗臂四个运动关节全部选为带减速器电动机。大臂与小臂之间的连接均采用销轴，并采用滚动轴承固定。

（2）机械手结构设计。电动清洗臂的本体组成如图 6-16 所示。

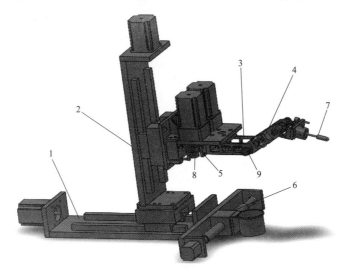

图 6-16　电动清洗臂本体组成

1—底座横向移动平台；2—纵向移动平台；3—大臂部件；4—小臂部件；5—软轴驱动电动机；

6—水缸移动装置；7—清洗头；8—钢丝绕线轮；9—钢丝传动导向轮

确定最终电动清洗臂方案后，采用 Solidworks 绘制各零部件二维图，给出各零部件公差，进行图纸审核，最后加工与装配，最终得到实体机械手。

1）图 6-17 为机械前臂转动关节装配实体图。

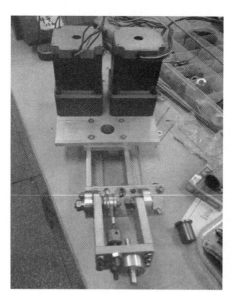

图 6-17　末端转动关节装配图

2）图 6-18 为移动关节装配图。

3）图 6-19 为机械手整装图。

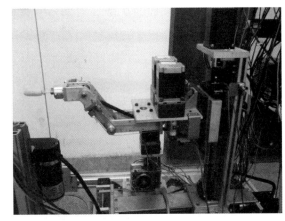

图 6-18　移动关节装配图　　　　　　图 6-19　机械手整装图

4）机械手装配好后，将其装在已经搭好的机架上，机架包括已固定好的绝缘子以及其连接传动与驱动装置，如图 6-20 所示。

(a)　　　　　　　　　　　　(b)

图 6-20　绝缘子清洗装置整机

(a) 机械手清洗绝缘子；(b) 绝缘子清洗装置外观

电动清洗臂各零件在加工制作过程难免会有尺寸等误差，其中钢丝轮的尺寸设计与加工需把握的较为准确，钢丝绳传动的传动比为 2∶1∶1，机械部分全部装配完工后进行调试，结果表明此机械手臂达到了预想结果，能满足设计与应用的要求。

四、基于激光透射原理的绝缘子灰密 NSDD 测试装置

传统灰密（NSDD）测量方法多年来一直为防污闪工作者采用。但由于该方法程序复杂，且在现场不可能具备条件，因此一般只在研究需要时由研究人员使用，运行单位一般较难对现场灰密进行测量。

（1）基于激光透射原理的灰密自动测量装置。在绝缘子的外绝缘表面受污染状态下，聚集的污染物会吸收和反射相应频谱的光线，所以光穿过污层会有不同的减弱。根据光电效应原理，光信号的减弱会导致测光装置的电信号的变化，通过比较经过污秽层的光强度的变化计算出污秽层的灰密。具体步骤如下：

1）采用积污玻璃、无污玻璃两块装有光强计的玻璃传感器；

2）积污玻璃置于现场一段时间积污；

3）在人工积污试验室获得在玻璃上积污的计算结果与光强差值的关系，建立数学模型，并在测量装置的数据处理单元中进行设置；

4）测量装置在现场同时测量两玻璃透过的光强，光信号分别经光电转换后进入数据处理单元进行计算，并经数学模型进行修正，得出灰密值。

（2）装置硬件组成如图 6-21 所示。

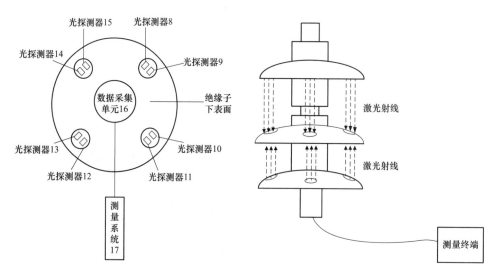

图 6-21　激光传感器安装示意图

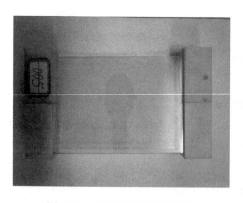

图 6-22　测试用双层玻璃试样

（3）试验方法。

1）被测量绝缘子准备。按测量原理准备好绝缘子，安装好光传感器等。

2）绝缘子涂污。按 GB/T 4585 固体层法进行人工涂污（高岭土）。

3）测量光强、空气湿度、温度、气压等，规范记录数据。

4）每种试验参数应保证有 3～5 个有效测试数据，取平均值作为测量值。

测试用双层玻璃试样见图 6-22，灰密测量绝缘子布置图见图 6-23。

(a)   (b)

图 6-23　灰密测量绝缘子布置图

(a) 上表面；(b) 下表面

第四节　绝缘子污秽在线监测系统

目前，电力系统采用的防污闪措施有多种，比如增加绝缘子的爬电距离，采用复合绝缘子和人工定期或不定期清扫的方法等。采取上述方法，对防止污闪事故的发生都起到了一定的积极作用，但这些方法均为被动防污措施，从技术型和经济性角度上来看，都存在耗费大量人力、物力的现状，具有一定的盲目性，特殊情况下不能及时发现和杜绝闪络事故，无法从根本上杜绝污闪事故的发生。究其原因主要是：采用上述措施的有效性或实施周期，均需要根据现场污秽度监视情况来确定，但限于目前输电线路绝缘子污秽程度的监测方法不够完善，电力维护人员无法准确掌握现场污秽情况。为了解决这一问题，改善以上传统方法的不足，人们提出对绝缘子污秽状态进行在线监测。通过监测表征污秽绝缘子运行状态的特征量，来预测污闪的发生，从而能够在污闪发生之前及时实施绝缘子表面污秽的清扫工作，这样可减少传统方法的盲目性，提高工作效率，而且能够降低污闪发生的概率。

下面以某省的输电线路污秽在线监测及预警系统为例来介绍污秽在线监测技术。该系统是以 GIS 电网地理信息平台为基础，实现全省现场污秽度数据上报管理，污区分布图动态更新，设备外绝缘配置自动校核、泄漏电流在线监测，气象观测（历史记录、实时数据和预报信息）、环境空气质量监测、主要污染源排放监测、现场巡视风险点上报等八大功能的开发和整合，将影响设备污闪放电的主要因素全部纳入系统监控范围，并综合考虑以上各类因素对全省输变电设备进行污闪风险综合评估。下面重点介绍污秽在线监测预警系统的三个子模块。

一、污秽监测和评估功能

污秽在线监测系统采用数据分布式采集和集中分析模式，主要包括现场监测终端、CMA 数据处理单元和后台监控分析平台，涉及污闪电压和等值盐密计算、污秽数据趋势分析、风险预警以及污区图更新等功能。

现有系统的污秽评估算法基于实验室人工、自然污秽大量试验研究得出泄漏电流值—有效盐密—污闪电压之间的预测模型，其预测精度一般在 20% 以内。基于泄漏电流法的污秽在线监测和评估原理见图 6-24。

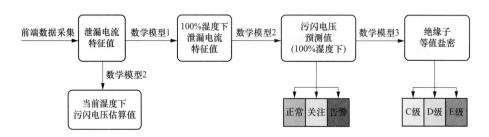

图 6-24 污秽在线监测和评估流程图

装置要求可在恶劣电磁环境、杆塔高频振动、高低温（−40～＋70℃）下正常工作，整体装置采用小功耗设计（平均 1.6W），确保在阴雨、雪天等恶劣气候时装置可连续正常工作，并设计有后台电池电量监控。

装置设计了灵活的安装调测模式，配置了手持式仪表，可在塔下进行数据设置、更新，方便施工人员在塔下调测安装；另外通过省级 CMA 管理系统也可对现场 CMA 系统软件升级。装置现场安装图如图 6-25 所示。

图 6-25 装置现场安装图

二、气象监测和预警

电网气象监测和预警系统由前端 720 个气象观测站和气象观测雷达等组成,能够实现气象实况监测、预报及预警功能,并在 GIS 地图上实时发布地区气象实况,分析气象变化趋势。

该系统集成了气象监测系统的功能,可实时地给出该地区的天气情况,在该地区出现大雾、细雨等对电网安全有严重影响的恶劣天气前给电网提供重要信息。同时,该系统可根据天气预报情况及实测环境状况,分析各区域的降雨量。电网污秽预警系统会根据该大气情况监测系统提供的信息,再结合电网当前实际的运行情况,分析最恶劣天气到来时电网可能运行的具体安全裕度,根据该安全裕度实现电网污秽状态评估和预警。

三、视频监控系统

视频监控能够观察输变电设备绝缘子表面积污状态、是否发生爬电现象(如图 6-26 所示),辅助判断设备污闪风险。某省现有 110kV 及以上输电线路视频监控点 19 个,其中含 500kV 线路 8 条、220kV 线路 9 条,110kV 线路 2 条;变电站视频监控点 490 个,其中 500kV 变电站 42 个,220kV 变电站 448 个。

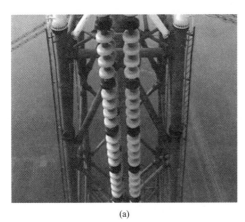

(a)　　　　　　　　　　　　　　　　(b)

图 6-26　输变电设备视频监控系统

(a) 绝缘子串监控图像;(b) 变电站监控图像

该系统输电线路视频监控系统布点要求如下:①输电线路重要、关键设备,例如,关键地点处输电线路的重要设备,包括铁塔、导线、绝缘子;②安装泄漏电流、绝缘子微气象的监测点,同时需要安装视频监控设备。所以,该系统能够进一步辅助电网污秽预警系统的预警准确度。当绝缘子泄漏电流监测点监测到的泄漏电流比较大时,可以进一步通过该视频监控系统观测绝缘子周围的天气情况和绝缘子的放电情况,为电网污秽状态预警提供辅助信息,进而确保污秽状态预警的有效性。

四、应用案例

1 月 23 日 07 时 35 分,该省污秽预警系统发出风险警报,指示位于某地区的 500kV

某 5298 线 98 号监测点泄漏电流值从 1 月 22 日夜间的 2mA 快速上升至清晨的 31.2mA，升高幅度达到 29.2mA，而现场能见度不足 200m。

500kV 某线 98 号监测点位于某化工园内，根据该省电力系统污区分布图，现场为 d 级污区，周围 6km 范围内存在化工企业和发电厂等多家大型污染企业，且毗邻一家中型化工企业。见图 6-27，500kV 某 5298 线采用三节 LP75/18＋19/1500 长棒型瓷绝缘子，同塔的某 5299 线采用 28 片 CA-874EZ 型三伞型绝缘子。从耐污闪性能上看，三伞型绝缘子要强于长棒型瓷绝缘子。11 月 22 日～1 月 23 日（近 60 日），500kV 某 5298 线 98 号监测点所在的地区累计降水量为 70.8mm，最近 52 天未出现较强降水，现场绝缘子的外绝缘性能应当已有所下降。初步判断，现场发生泄漏电流突增现象与近期灰霾天气持续有一定关系，且 1 月气温较低，夜间到清晨绝缘子表面凝露较重，有助于污层的受潮。

图 6-27　杆塔对面不远处存在化工企业持续排放

图 6-28　500kV 某 5298 线 100 号空挂绝缘子取样

对某 5298 线 100 号监测点（附近 1km 左右）取回的空挂绝缘子（见图 6-28）进行了盐、灰密测量。空挂时间在 1 年左右。绝缘子污秽度如表 6-3 所示。根据所在地区运行经验，空挂绝缘子带电积污系数 $k_1=1.2\sim1.3$，三年饱和积污系数 $k_2=1.8$，运行绝缘子饱和盐密修正值约为 ESDD=0.15mg/cm^2，基本符合现场 d2 级污区现状，未出现污秽度越级的情况。

1 月 23～24 日晚，污秽预警系统监测数据显示，某 5298 线 98 号泄漏电流保持在夜间增大，白天减小的趋势，与这两日白天空气相对湿度较低有关（60%～70%），泄漏电流最大值维持在 30mA 左右。

表 6-3　　　　　　　　　　　　　某 5298 线 100 号空挂绝缘子

序号	位置	电导率（μS/cm）	温度（℃）	盐密（mg/cm^2）	整片盐密（mg/cm^2）	整片灰密（mg/cm^2）	盐密修正
第四片	上表面	295	11.7	0.0496	0.0717	0.1773	0.15
	下表面	603	12.3	0.1001			

1 月 25 日夜间到凌晨风险点泄漏电流和环境湿度监测值分别如图 6-29 和图 6-30 所示。

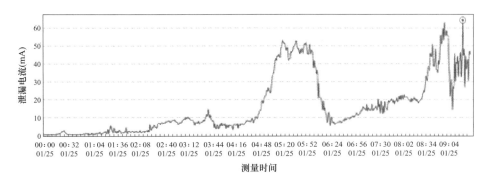

图 6-29　1 月 25 日夜间到凌晨风险点泄漏电流监测曲线

某 5298 线 98 号塔 B 相和 C 相绝缘子放电情况如图 6-30 和图 6-31 所示。

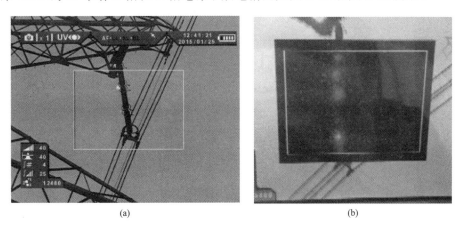

图 6-30　某 5298 线 98 号塔 B 相绝缘子放电情况

（a）可见光模式；（b）日盲模式

图 6-31　某 5298 线 98 号塔 C 相绝缘子放电情况

（a）可见光模式；（b）日盲模式

考虑到周边化工企业排放和近期持续污湿天气等不利因素，建议对 500kV 某 5298、某 5299 线在该化工园区段尽快停电清扫。如条件允许，可考虑对该化工区内的 500kV 某 5298 线、某 5299 线杆塔（80～101 号）适时喷涂 PRTV 涂料，减少闪络风险。

参 考 文 献

[1] 朱德恒，严璋. 高电压绝缘 [M]. 北京：清华大学出版社，1992.

[2] 李景禄. 电力系统防污闪技术 [M]. 北京：中国水利水电出版社，2010.

[3] 张仁豫，等. 高电压试验技术（第2版）[M]. 北京：清华大学出版社，2009.

[4] 关志成，等. 绝缘子及输变电设备外绝缘 [M]. 北京：清华大学出版社，2006.

[5] 梁曦东，等. 高电压工程 [M]. 北京：中国电力出版社，2006.

[6] 顾乐观，孙才新. 电力系统的污秽绝缘（馆藏）. 重庆：重庆大学出版社，1990.

[7] 胡毅. 输电线路运行故障分析与防治 [M]. 北京：中国电力出版社，2007.

[8] 李震宇，崔吉峰，周远翔，等. 现场运行复合绝缘子憎水性的研究 [J]. 高电压技术，2006，32（1）：24-26.

[9] 陶元中，包建强. 输电线路绝缘子运行技术手册 [M]. 北京：中国电力出版社，2003.